세계도시 바로 알기

2 북부유럽

권용우

박영사

사랑하는 아내 홍기숙 님에게

머리말

성신여대에서 25년간 진행했던 「세계도시 바로 알기」 강의가 2019년에 재개됐다. '코로나19'가 터져 2020년부터 YouTube 강의로 전환되어 진행 중이다. 2021년 3월에 『세계도시 바로 알기 1: 서부 유럽·중부 유럽』이 출간됐다.

2021년 6월 연작 시리즈의 두 번째 작품인 『세계도시 바로 알기 2: 북부 유럽』이 간행됐다. 2권에서는 노르딕 5국과 발트 3국을 다룬다. 노르딕 5국은 덴마크, 스웨덴, 노르웨이, 핀란드, 아이슬란드다. 발트 3국은 에스토니아, 라트비아, 리투아니아다.

북부 유럽의 말은 네 가지다. 덴마크, 스웨덴, 노르웨이, 아이슬란드, 페로 제도는 북 게르만 어군이다. 핀란드, 에스토니아는 우랄족의 핀 어군이다. 라트비아, 리투아니아는 발트 어군이다. 노르웨이와 핀란드 북부지역에 사는 사미 사람들이 쓰는 언어는 시마 어군이다. 북부 유럽의 모든 나라는 자국어를 모국어로 사용하여 민족적 정체성을 지키고 있다. 대부분의 나라에서 영어, 독일어, 프랑스어, 스페인어 등을 어려서부터 교육시킨다.

16세기 종교개혁 이후 노르딕 5국에서는 루터교가 대세를 이루었다. 덴마크는 1536년에, 노르웨이는 1539년에, 아이슬란드는 1550년에 루터교를 받아들였다. 스웨덴은 1544년에 루터교를 국교(國敎)로 정했다. 핀란드에서는 1593년에 루터교가 공식화됐다. 개신교인 루터교는 노르딕 5국 주민들의 생활 양식 속에 깊숙이 자리잡고 있다. 발트 3국의 종교는 다양하다. 에스토니아는 기독교가 34%, 라트비아는 루터교·가톨릭 등 기독교가 80%, 리투아니아는 가톨릭·기타 기독교 등 기독교가 93%로 조사됐다.

덴마크는 1300년대 후반 마르그레테 1세 이후 칼마르동맹으로 번성했다. 1864년 프로이센-오스트리아와의 전쟁에서 패했으나, 달가스, 그룬트비 등을 중심으로 일어섰다. 오늘날 덴마크는 풍력 터빈, 의료, 기계, 운송, 식품 산업으로 경제기반을 구축한 부강한 나라다. 완구 레고는 어린이들의 놀이 문화를 바꿨다. 화물 운송 머스크 라인은 세계적인 물류 시스템이다. 안데르센은 동화로 꿈을 심어주었다. 덴마크에는 이웃과 함께 살아가는「얀테의 법칙」이 살아 있다. 코펜하겐은 덴마크의 정치·경제·사회 모든 분야에서 덴마크의 중심지다.

스웨덴은 1520년 스톡홀름 피바다 사건을 계기로 덴마크로부터 독립해 왕국을 세웠다. 고부가 가치 산업을 발전시켜 부강한 나라로 성장했다. 사회복지제도가 갖춰진 선진국이다. 1901년 이래 노벨상을 통해 세계 학술 역량과 평화증진에 기여하고 있다. 스톡홀름 감라스탄에는 스웨덴의 역사와 생활 양식이 보전되어 있다. 스톡홀름 대도시권화가 진행되고 있다. 예테보리는 북부 유럽의 큰 항구 도시다. 말뫼는 외레순 다리와 터닝 토르소를 건설해 발전하고 있다. 웁살라에는 오래된 웁살라 대학과 스웨덴 교회의 본부가 있다.

노르웨이는 덴마크와 스웨덴의 간섭을 받아오다 1905년 왕국으로 독립했다. 1969년 북해유전 발굴 이후 경제적 부유국이 되었고, 사회보장제도가 갖춰 있다. 뭉크, 그리그, 입센, 비겔란 등의 예술가와 난센, 아문센, 헤위에르달 등의 탐험가를 배출했다. 오슬로는 1300년 이후 사실상의 노르웨이 수도로 노르웨이의 삶이 녹아 있다. 베르겐은 그리그의 고향이다. 피오르드는 세계적인 빙하 해양경관이다.

핀란드는 스웨덴과 러시아에 시달리다가 1917년 공화국으로 독립했다. 휴대전화 노키아는 한때 세계를 석권했다. 게임 등 소프트웨어 산업, 고부가가치 제조업, 임업이 경제적 버팀목이다. 기호식품 자일리톨을 개발했고, 핀란드식 사우나로 추위를 극복하며, 헤비메탈 사운드를 애호한다. 1229년부터 투르쿠가 수도 역할을 했으나, 1812년에 헬싱키로 수도를 옮겼다. 헬싱키는 핀란드의 모든 생활양식이 녹아 있는 핀란드의 중심지역이다.

아이슬란드는 노르웨이와 덴마크와의 관계를 정리하고 1944년에 공화국으로 독립했다. 아이슬란드 지상에는 빙하가 흐르고, 땅 밑으로는 화산과 지진활동이 일어난다. 관광업, 어업, 알루미늄 제련업, 금융업 등을 특화했다. 아이슬란드 외곽을 순환하는 1번 국도와 레이캬비크에서 남쪽 고지대로 돌아가는 Golden Circle 도로가 개설되어 있다. 첨탑 건물인 할그림스키르캬 루터교회가 수도 레이캬비크 도심에 들어서 있다.

발트 3국은 오랜 기간 주변 국가들의 각축장이었으나 1991년 각각 공화국으로 독립했다. 새로운 먹거리 산업을 창출하여 경제를 활성화하고, 노래와 춤 등 전통 문화를 발전시키고 있다.

『세계도시 바로 알기』1권과 2권의 출간에 즈음하여 일곱 분이 책을 읽으시고 서평을 써 주셨다. 대한국토·도시계획학회 회장을 역임하신 최병선 가천대학교 명예교수님, 국토연구원 원장을 수행하신 박양호 스마트국토도시연구소 대표님, 서울대학교 부총장을 지내신 유근배 서울대학교 지리학과 명예교수님, 서울주택도시공사 사장을 맡으셨던 김세용 고려대학교 건축학과 교수님, 2021 광주디자인비엔날레 총감독이신 김현선 홍익대학교 교수님, 목사이신 오세열 성신여자대학교 경영학과 명예교수님, 전북대학교 초빙교수이신 전대열 대기자님께 깊이 감사드린다. 고마운 마음을 담아 1권과 2권에 서평을 게재한다.

강의를 재개하도록 배려해 준 서울 성북구 소재 예닮교회 서평원 담임목사님께 감사드린다. YouTube 방송을 관장하시고 편집에 도움을 주신 예닮교회 이경민 목사님께 고마움을 표한다. 사랑과 헌신으로 내조하면서 원고를 리뷰하고 교정해 준 아내 이화여자대학교 홍기숙 명예교수님께 충심으로 감사의 말씀을 드린다. 원고를 리뷰해 준 전문 카피라이터 이원효 고문님께 고마운 인사를 드린다. 특히 본서의 출간을 맡아주신 박영사 안종만 회장님과 정교하게 편집과 교열을 진행해 준 배근하 과장님에게 깊이 감사드린다.

2021년 6월
권용우

차례

III

북부유럽

노르딕 5국

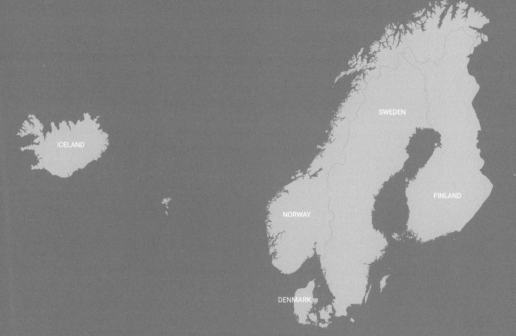

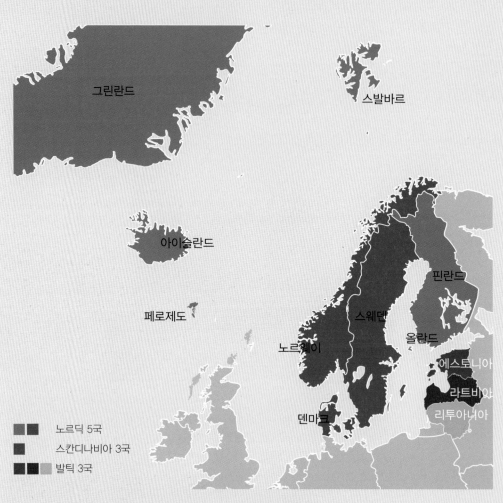

그림 1 **북부유럽의 노르딕 5국, 스칸디나비아 3국, 발틱 3국**

노르딕 5국

북부유럽(Northern Europe)의 중심지역은
노르딕(Nordic) 5국이다. 노르딕 5국은 덴
마크(Denmark), 스웨덴(Sweden), 노르웨이
(Norway), 핀란드(Finland), 아이슬란드(Ice-
land)다. 노르딕 5국에 그린란드, 덴마크
자치령인 페로 제도, 핀란드 자치령인 올
란드 제도를 포함시킨다. 북부유럽에 발
트(Baltic) 3국을 포함하기도 한다. 발트 3
국은 에스토니아, 라트비아, 리투아니아
다. 본서에서는 발트 3국을 북부유럽에서
다루기로 한다.그림 1

노르딕 5국 가운데 덴마크, 스웨덴, 노
르웨이의 세 나라를 스칸디나비아(Scandi-
navia)라 부르기도 한다.그림 1 스칸디나비아
라는 말은 스웨덴의 스카니아(Scania) 지방
과 관련이 있다는 해석이 있다. 스칸디나
비즘은 덴마크인, 스웨덴인, 노르웨이인
이 역사적으로 공유하는 문학과 언어 및
문화운동 정신을 의미한다.그림 2

그림 2 **스웨덴의 스카니아 지방과 스칸디나비즘**

그림 3 **국기: 핀란드, 아이슬란드, 노르웨이, 스웨덴, 덴마크**

그림 4 **올란드 요말라에서의 농부의 결혼식**

노르딕 국기(國旗)는 1219년
부터 쓴 덴마크 국기 Danne-
brog(다네브로)에 바탕을 두고
있다. 기독교를 상징하는 십
자가 문양이 있다.그림 3 핀란
드 자치령인 올란드의 요말라
에서 재현되는 농부의 결혼식
은 전통적이다. 웨딩 드레스는
검은 색으로, 신부의 어머니가
유산으로 물려준 것이다. 신부
는 반짝이는 결혼식 왕관을 받
는다.그림 4

북부유럽의 언어(languages)는 네 가지다. 첫째, 북 게르만(North Germanic) 어군(語群)은 덴마크어·스웨덴어·노르웨이어·아이슬란드어·페로제도어 등이다. 둘째, 우랄족의 핀(Finnic) 어군은 핀란드어와 에스토니아어 등이다. 셋째, 발트(Baltic) 어군은 라트비아어와 리투아니아어 등이다.그림 5 넷째, 사미(Sami) 어군은 노르웨이와 핀란드 북부지역에 사는 사미 사람들이 쓰는 언어다.그림 6 노르웨이 호닝스보그에서 전통복장 각티(Gákti)를 입고 있는 사마 원주민의 모습은 추운 지방의 생활양식을 보여준다.그림 6

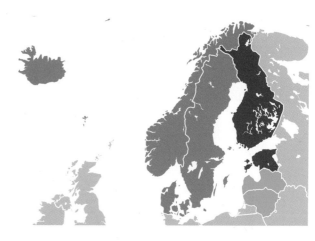

그림 5 **북부유럽의 언어:**
북게르만 어군 ■ **핀 어군** ■ **발트 어군** ■

그림 6 **사미 어군과 노르웨이 호닝스보그의 사미 원주민**

그림 7 아이슬란드의 오로라(좌), 핀란드 Ruka의 오로라(우), 노르웨이 Hillesoy섬의
오로라와 달(하)

　태양은 전자 또는 양성자의 플라즈마 입자를 방출(放出)한다. 태양풍은 방
출된 입자를 태양계의 행성인 지구 등으로 흘러가게 한다. 지구 주변에 머
물던 입자는 지구 자기장에 이끌려 대기로 진입한다. 이때 플라즈마 입자
가 대기권 상층부와 부딪혀 강력한 빛을 내는 광전(光電) 현상이 나타나는데

이를 aurora(오로라)라고 한다. 자극(磁極)에 가까운 북극과 남극의 극지방에서 잘 나타나 극광(極光)이라고도 한다. 대체로 양극 지방의 위도 65-70°대에서 출현한다. 노르웨이, 아이슬란드, 핀란드 등지에서 관찰할 수 있다. 오로라는 지상으로부터 수백km 거리의 초고층 대기층에서 나타난다. 대표적인 빛은 녹색, 적색, 청색, 핑크색 등이다. 오로라는 '새벽'이라는 뜻이다. 그리스·로마신화의 '여명의 여신'과 관련지어 설명하기도 한다.그림 7

그림 8 **노르웨이 Magerøya섬 노스 케이프의 백야와 트롬쇠의 오후 2시경 극야**

한밤중인데도 태양이 지지 않고 떠 있어 밤하늘이 하얗게 되는 현상을 midnight sun(白夜)이라 한다. 러시아에선 '하얀 밤', 스웨덴에선 '한밤의 태양'이라 부른다. 위도 58.6° 이상인 지역에서 여름에 나타난다. 노르웨이 북단의 스발바르 제도에서는 자정에도 태양이 하늘에 떠 있다. 노르웨이 노스 케이프, 핀란드의 헬싱키와 토르니오, 아이슬란드 등에서 백야 현상이 일어난다.그림 8

이에 반해 대낮인데도 태양이 뜨지 않고 밤처럼 어두컴컴한 상태가 지속되는 현상을 polar night(極夜)라 한다. 위도 68.6° 이상인 지역에서 겨울에 일어난다. 노르웨이, 아이슬란드, 핀란드, 스웨덴 등지에서 나타난다. 극야 지역에서는 오전 11시에 새벽같이 날이 새다가 오후 1시에 태양은 떠오르지 않은 채 잠시 밝아진 후 오후 3시가 되면 저녁같이 어두워진다. 어두워진 오후부터 다음 날 오전까지 어둠은 계속된다.그림 8 위도 84.6° 이상인 지역에서는 태양이 지평선 위로 뜨지 않아 밤이 지속되는 경우가 있다.그림 8

2012년 조사한 노르딕 국가 주요 도시의 연평균 기온은 섭씨 5.5°~7.7°다. 레이캬비크가 섭씨 5.5°, 헬싱키가 섭씨 5.9°, 오슬로가 섭씨 6.6°, 스톡홀름이 섭씨 7.2°. 코펜하겐이 섭씨 7.7°다. 그린란드 수도 누크(Nuuk)는 섭씨 0.3°다.그림 9 노르딕 사람들은 대체로 고도가 낮은 해안가 연안 지역이나 상대적으로 따뜻한 남부 지역에 집중적으로 몰려 산다. 덴마크, 스웨덴 중부 이남 지역, 노르웨이 남부 해안 지역, 핀란드의 중부 이남 해안 지역 등

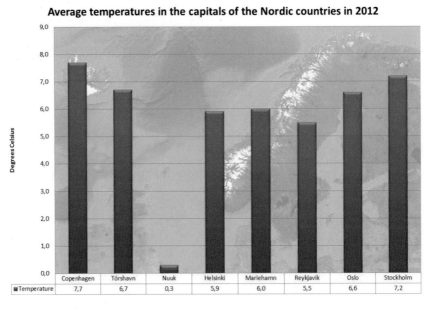

그림 9 **노르딕 국가 주요 도시의 평균 기온**

그림 10 **노르웨이 오슬로 뷔그데이 연안 지역과 최남단 도시 Mandal**

이다. 노르웨이 오슬로 뷔그되이(Bygdøy) 연안 지역과 최남단 도시 Mandal
이 그 예다.그림 10

　노르딕 국가의 종교는 대부분 기독교 루터교다. 이 지역의 기독교화는
8세기에서 12세기에 전개됐다. 로마 교황이 교구를 설치하여 기독교를 전
파했다. 덴마크의 기독교는 바이킹의 영향을 받기도 했다.

　그러나 16세기 유럽에 종교개혁이 전개됨에 따라 노르딕 국가에서는 루
터교가 대세를 이루었다. 덴마크는 지리적으로 접해 있는 북독일의 영향
을 받았다. 한자(Hansa) 상인들이 북구 도시에 퍼져 살면서 루터교를 전파
했다. 북구의 신학생들은 루터가 활동한 독일의 비텐베르크 등지에서 유
학하고 와서 루터교를 전파했다. 여기에 덴마크와 스웨덴은 ① 국가독립,

그림 11 **덴마크의 크리스티안 3세와 스웨덴의 구스타프 1세 바사**

② 왕권강화, ③ 재정확보 등의 연유로 로마로부터 독립하기를 원했다. 덴마크 왕 크리스티안 3세는 1536년 덴마크에, 1539년 노르웨이에, 1550년 아이슬란드에 루터교를 전파했다. 스웨덴 왕 구스타브 1세 바사는 1544년 루터교를 스웨덴의 국교(國敎)로 만들었다. 1593년 핀란드에 루터교가 공식화됐다.그림 11 그리고 1520년대-1600년 사이에 발틱 3개국에 루터교가 전파됐다. 독일인 마르틴 루터의 종교개혁을 토대로 한 루터교가 북부유럽에 널리 전파된 것이다.

1541년 스웨덴에서 구스타브 바사 성경 번역본이 출간됐다. 제목은『성경/즉/모든 성경/스웨덴어 *Vasas bibel*』로 되어 있다. 번역에는 구스타브 바사 왕의 의뢰를 받아 로렌티우스 대주교가 주도했다. 그리고 올라우스와 로렌티우스 페트리 형제가 편집했다. 1526년에 마르틴 루터가 번역한 독일어 성경을 참조했다. 스웨덴어 성경 번역본은 스웨덴어의 통일된 철자법 등을 설정하여 스웨덴어 체계를 확립하도록 했다. 번역본 성경 본문은 1917년까지 정통성을 지닌 스웨덴어 성경으로 활용되었다.그림 12

1548년에는 718쪽에 달하는 아그리콜라 핀란드어 성서 번역본이 나왔다.그림 12 제목은 『신약성서 *Se Wsi Testamenti*』로 되어 있다. 미카엘 아그리콜라는 성서 번역을 위해 11년간 준비했다. 원고는 1543년에 완성되었고 5년간의 수정 작업을 거쳐 출판됐다. 핀란드어 성서 번역본에는 방대한 지면 안에 많은 삽화가 포함되어 있으며, 실용적이고 신학적인 서문이 게재되어 있다. 그는 성서 번역을 위해 새로운 단어를 만들고 핀란드어 철자법을 체계화하려 했기에 '핀란드 문어(文語)의 아버지'라고 불렸다. 그는 투르쿠 대성당 학교의 총장과 투르쿠 주교를 역임했다.

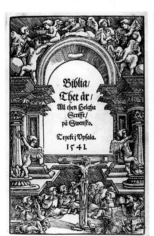

그림 12 스웨덴의 구스타브 바사 성경과 핀란드의 미카엘 아그리콜라와 성경

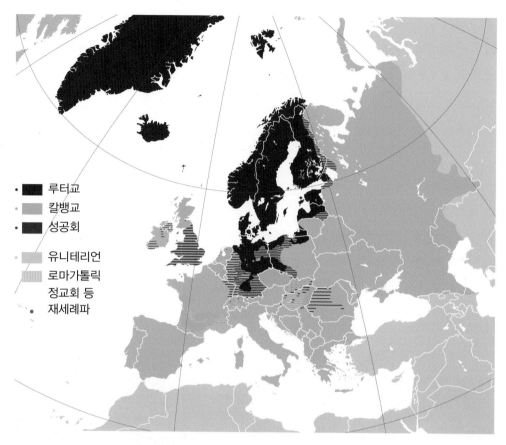

루터교

칼뱅교

성공회

유니테리언

로마가톨릭

정교회 등

재세례파

그림 13 「30년 전쟁」 후 유럽의 종교분포

    1618-1648년간 진행된 「30년 전쟁」은 개신교와 가톨릭교가 대립한 종교 전쟁이었다. 북부 유럽의 개신교 국가들은 개신교 종교 선택의 권리가 침해되자 개신교 제후동맹을 결성하여 전쟁에 참여했다. 덴마크-노르웨이는 홀슈타인 영지를 지키기 위해 전쟁에 뛰어들었으나 성과를 거두지 못했다. 스웨덴 왕 구스타브 2세 아돌프는 유럽 대륙진출을 도모하려고 전쟁에 참여하여 크고 작은 성과를 올렸다. 「30년 전쟁」이 1648년에 종료되면

서, 유럽의 종교 분포는 새로운 국면을 맞았다. 기존의 가톨릭교와 정교회는 남부 유럽과 동부 유럽 지역에서 강세를 보였다. 그러나 루터교, 칼뱅교, 성공회 등 개신교는 서부 유럽과 북부 유럽 지역 대부분에서 절대적 우위를 점유하였다. 특히 노르딕 5국과 그린란드 등 북부 유럽은 루터교로 거의 통일되었다.그림 13

노르딕 5국의 인구는 스웨덴이 1천만 명 수준이고, 덴마크·노르웨이·핀란드가 5백만 명대이다. 아이슬란드는 30만 명대다. 면적은 스웨덴이 450,295km²로 제일 크고, 덴마크가 42,933km²로 제일 작다. 노르웨이는 385,207km², 핀란드는 338,455km², 아이슬란드는 102,775km²다. 노르딕 5국의 인구, 면적, 수도, 국기, 조상 등을 정리하면 <표 1>과 같다.

표 1 **노르딕 5국 정리**

	덴마크	스웨덴	노르웨이	핀란드	아이슬란드
인구	5,837,213명	10,380,491명	5,391,369명	5,536,146명	364,134명
면적	42,933km²	450,295km²	385,207km²	338,455km²	102,775km²
수도	코펜하겐	스톡홀름	오슬로	헬싱키	레이캬비크
국기					
조상	데인	스베아	바이킹	우랄핀	바이킹

출처: 위키피디아

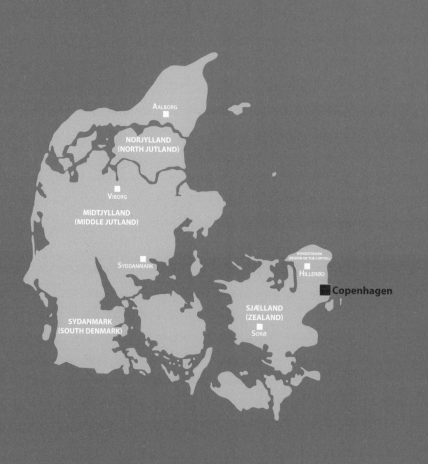

AALBORG

NORJYLLAND
(NORTH JUTLAND)

VIBORG

MIDTJYLLAND
(MIDDLE JUTLAND)

SYDDANMARK

SYDANMARK
(SOUTH DENMARK)

HOVEDSTADEN
(REGION OF THE CAPITAL)

HILLERØD

Copenhagen

SJÆLLAND
(ZEALAND)

SORØ

BORNHOLM
Rønne
(BORNHOLM)

7

덴마크 왕국

안데르센과 레고랜드

덴마크 전개 과정

수도 코펜하겐

그림 1 **덴마크 지도**

01 덴마크 전개 과정

덴마크의 공식 명칭은 덴마크 왕국이다. 영어로 Kingdom of Denmark라 하고 약자로 Denmark로 쓴다. 덴마크어로 Kongeriget Danmark(콩에리에 트 덴마크)라 하며 약자로 Danmark로 표기한다. 한자로는 정말(丁抹)이라 한다. 해안선의 길이는 7,314㎞다. 덴마크 영토는 유틀란트 반도와 500여 개의 섬이다. 수도는 셸란섬에 있는 코펜하겐이다. 셸란섬은 덴마크에서 가장 큰 섬이다.

덴마크 영토는 유틀란트(Jutland, Jylland), 셸란(Sjælland, Zealand), 스코네(Skåne)의 3개 지방으로 구성되어 있었다. 유틀란트는 남부의 슐레스비히를 제외한 유틀란트 반도와 퓐(Fyn) 섬을 일컫는다. 셸란은 코펜하겐이 있는 섬이다. 스코네는 스칸디나비아반도 남쪽 끝머리에 있다. 지금의 스웨덴 말뫼가 있는 곳이다. 1679년에 스웨덴과 덴마크의 룬드 조약(Treaty of Lund)으로 덴마크는 스코네 영유권을 철회했다. 그 결과 스코네는 18세기 이후 스웨덴의 영토가 되었다. 17세기 이전 셸란 지역은 덴마크 국토의 중앙이었으나, 스코네가 스웨덴 영토에 편입되면서 코펜하겐이 국토의 가장 동쪽에 위치하게 되었다.그림 1

그린란드(Greenland)는 1380년 이후 오랜 기간 덴마크가 관할해 왔다. 1979년 국민투표로 덴마크 자치령(自治領)의 지위를 획득했고, 2009년 자치권이 보다 확대되었다. 페로 제도(Faroe Islands)는 1814년 이후 덴마크가 관리

그림 2 **덴마크 해안지형**

해 오다가 1948년 덴마크 자치령이 되었다. 아이슬란드(Iceland)는 노르웨이 령(領)이었으나, 1380년 이후 덴마크에 속했다. 1918년 덴마크와 동군연합 으로 독립했다. 1944년 동군연합을 해소하고 공화국이 됐다. 그린란드, 페 로 제도 자치령을 뺀 덴마크 본토를 Denmark Proper라 한다.

덴마크의 경작지는 평평하여 경작이 용이하고, 해안은 사질(沙質) 해안이 다.그림 2 전국적으로 비치(Beech) 나무가 많다.그림 3 덴마크 지형은 전반적으

그림 3 **덴마크의 비치나무**

로 지대가 낮다. 유틀란트 반도
에 최고봉 묄레회이(Mollehøj) 언
덕이 있다. 고도가 170.86m에
불과하다.

그림 4 **스카겐 오데의 육지가 드러난 해안경관**

유틀란트 최북단 스카겐 오
데(Skagen Odde) 반도의 스카
겐市는 1413년에 건설됐다. 8
천여 명이 살고, 이곳에서 바다
가 갈라지는 듯한 현상이 나타
난다. 매년 2백만 여명이 구경
하러 온다. 스카겐 왼쪽 북해와
오른쪽 발트해 케테겟(Kattegat)
해협의 해류가 부딪히면 해수
밀도가 달라 바닷물이 섞이지
않는다. 이는 바다가 갈라지는
것처럼 보인다. 이곳을 "세상의
끝"이라 부른다.그림 4, 5

그림 5 **스카겐 오데의 육지가 잠긴 해안경관**

덴마크 기후는 온난하다. 코펜하겐의 1월 평균기온은 섭씨 0.1°다. 그러
나 겨울에 습해 체감온도는 추운 편이다. 수자원 부족으로 수질이 열악하다.

덴마크라는 국명은 고대 노르드어 '데인인의 땅(Danernes Mark)'이라는 뜻
에서 유래되었다. 주민은 북게르만계 노르만족 바이킹 분파인 데인족(Daner)
이다. 언어는 덴마크어가 공용어다. 덴마크 사람 가운데 절반 이상이 영어
와 독일어로 회화할 수 있고, 스웨덴어로 회화하는 사람도 상당수다.

그림 6 덴마크 국기 Dannebrog(다너브로)

덴마크 국기는 빨강 바탕에 하얀 십자가가 그려진 다너브로다. '덴마크의 힘'이란 뜻이다. 1219년에 제정되었다. 덴마크 국기는 주변국인 스웨덴, 노르웨이, 핀란드, 아이슬란드 등에 영향을 주었다. 북유럽 계열 국기의 십자(十字)를 노르딕 십자 내지 스칸디나비아 십자라고 부른다.그림 6

덴마크의 바이킹 왕 구드프레드(Gudfred, 재위 804-810)는 808년 유틀란트 반도에 덴마크 장벽인 데네비어케(Danevirke)를 쌓아 프랑크 카를 대제의 북방진출을 저지했다. 그의 뒤를 이은 헤밍 왕(Hemming I)은 811년 조약을 체결하여 아이더(Eider) 강을 프랑크 왕국과의 경계로 설정했다.그림 7 아이더 강 북쪽의 슐레

그림 7 데네비어케 장벽의 지도와 오늘날의 경관

그림 8 **발데마르 1세 동상과 거위탑 유적**

스비히는 덴마크어로 Slesvig, 독일어로 Schleswig로 표기한다. 아이더 강 경계선은 1864년에 치른 제2차 슐레스비히 전쟁 등의 숱한 우여곡절을 거 쳐 덴마크와 독일의 국경선이 되었다.

1157년 발데마르 1세(Valdemar I, 재위 1154-1182)가 국내를 평정하고 발데마르 왕조를 세웠다. 1175년에 슬라브인의 침입을 막으려고 셸란섬에 요새를 세 웠다. 이곳에 거위탑(Goose tower)과 몇가지 유적이 지금까지 남아 있다. 1175 년에 지은 요새는 코펜하겐의 기원이 되었다.그림 8

발데마르 4세의 딸 마르그레테가 등장했다. 그녀는 호콘 6세와 결혼했 다. 호콘 6세는 노르웨이 왕이자 스웨덴 왕위계승자였다. 그들의 아들은 올

그림 9 **마르그레테 여왕 가계도**

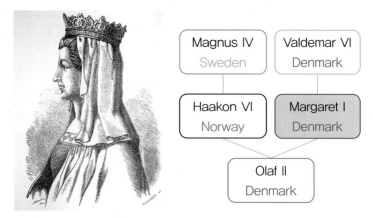

라프 2세(재위 1375-1387)였다. 올라프 2세가 어린 나이에 왕위에 올라 마르그레테가 섭정으로 통치하게 되었다. 호콘 6세와 올라프 2세가 죽은 후, 마르그레테는 1387년 덴마크와 노르웨이 공동 군주가 되었다. 그녀가 1389년 스웨덴왕을 겸하게 됨으로써, 덴마크·노르웨이·스웨덴의 동군연합(同君聯合) 형태가 구축됐다. 3개국의 동군연합 체제는 1397년에 이루어진 칼마르 동맹(The Kalmar Union)으로 공인되었다. 칼마르 동맹은 스웨덴 남부 칼마르에서 맺어진 동맹 체제이다. 덴마크가 중심인 체제로 1397-1523년간 유지됐다.그림 9, 10

그림 10 **칼마르 동맹**

그림 11 **크리스티안 3세와 부겐하겐**

　덴마크와 노르웨이 공동 군주인 크리스티안 2세(Christian II, 재위 1513-1523)
는 1520-1521년간 스웨덴 국왕을 겸했다. 그가 스웨덴 국왕으로 재위했던
1520년 11월에「스톡홀름 피바다 사건」이 터졌다. 덴마크가 스웨덴의 스톡
홀름에서 덴마크 지배에 반대했던 스웨덴 지도층을 무참하게 살육한 사건
이다. 스웨덴 사람들은 강력 반발하여 구스타브 에릭슨의 지도 아래 격렬한
독립전쟁을 벌였다. 스웨덴은 3년간의 독립투쟁에 성공하여 1523년 스웨덴
왕국을 세웠다. 구스타브 에릭슨은 구스타브 1세 바사 왕이 되어 초대 스웨
덴 국왕으로 등극했다. 1523년 칼마르동맹은 해체되었다.

　크리스티안 3세는 덴마크 왕(재위 1534-1559)과 노르웨이 왕(재위 1537-1559)을
겸했다. 그는 1536년 종교개혁을 단행하여 루터 개신교를 받아들였다. 노

그림 12 **유틀란트의 슐레스비히와 홀슈타인(위)**
슐레스비히의 북부와 남부(아래)

르웨이, 아이슬란드, 페로 제도에 순차적으로 루터 개신교가 전파되었다. 덴마크의 종교개혁은 실제적으로 독일의 비텐베르크에서 종교개혁가 루터와 함께 공부했던 부겐하겐(Bugenhagen) 등이 선도했다.그림 11 크리스티안 3세 때 경제발전과 학자배출 등 국가번영의 기운이 보였다.

덴마크와 노르웨이의 공동 군주였던 프레데리크 3세는 1665년 절대군주제를 확립하여 국왕의 권한을 강화했다.

1814년 덴마크는 나폴레옹 편에서 나폴레옹 전쟁을 치렀으나 패했다. 패전 결과는 1814년에 킬 조약이 맺어져, 덴마크는 노르웨이를 스웨덴에 할양해야 했다. 이로써 1387년 마르그레테 1세가 덴마크-노르웨이 공동 군주로 취임한 이후 칼마르 동맹을 거쳐 1814년까지 유지된 덴마크-노르웨이 동군연합 체제는 종료되었다.

1848년 프레데리크 7세 때 덴마크는 전제정치를 접고 자유 헌법을 채택해 입헌군주제의 정치체제를 수립했다. 덴마크는 1849년 덴마크 의회 개원 때부터 양원제를 운영했으나, 1953년에 단원제로 바꿨다.

　1460년 이래 덴마크는 동군연합 형태로 슐레스비히와 홀슈타인 공국(公國)을 관리해 왔다. 슐레스비히와 홀슈타인은 덴마크 국토의 3분의 1에 해당하는 유틀란트 반도의 요지였다. 그러나 1864년 프로이센과 오스트리아가 두 공국의 영유권을 요구하고 나섰다. 급기야 제2차 슐레스비히 전쟁이 터졌으나 덴마크가 패해 두 지역을 내주어야 했다.그림 12(위) 패전의 충격으로 덴마크는 실의에 빠졌다. 퇴역 장교 엔리코 달가스(Enrico Dalgas)와 목사 니콜라이 그룬트비(Grundtvig)는 '패전을 딛고 일어서자'는 덴마크 부흥운동을 펼쳤다.그림 13

　1915년에 이르러 여성에게 참정권이 부여됐다. 20세기 들어와 덴마크는 의회민주주의의 근대화를 구축해 내정이 안정되었다. 국민의 역량을 농목업, 해운업 등에 집중시켜 경제발전을 이룩했다. 그리고 사회복지제도를 내실 있게 정비했다. 제1차 세계대전 때는 중립을 지켰다. 전후에는 주민투표에 의해 북(北)슐레스비히를 되찾았다.그림 12(아래)

그림 13 **달가스와 그룬트비, 그룬트비 교회**

그림 14 코펜하겐의 마블교회와 내부

제2차 세계대전 때는 중립을 선언했음에도 불구하고 독일군의 침입을 받았다. 덴마크는 1945년 유엔에 가입했다. 중도우파의 대외정책을 편다. 그리고 미국에 그린란드 기지를 제공하고 있다. 입헌군주제의 내각책임제인 덴마크는 투명한 정치체제를 지향하고 있다. 1972년 마르그레테 2세(Margrethe II, 1940-) 여왕이 즉위하여 국가를 대표하고 있다.

덴마크의 종교는 바이킹시대에는 다신교적 신앙형태였다. 9세기경 덴마크에 기독교가 전래되었다. 1536년 크리스티안 3세 때 종교개혁이 이뤄져 복음주의 루터교가 국교화되었다. 루터교는 Evangelical Lutheran Church in Denmark로 표현됐다. 덴마크 헌법은 교회를 덴마크 국민교회(Danish People's Church)로 지정하고 국가가 이를 지원하는 것을 의무화했다. 1894년에 완공한 코펜하겐의 마블교회는 대표적인 루터교회다.그림 14 덴마크 기독교도는 1985년에 91.5%였으나, 2020년에는 74.3%로 조사됐다.

덴마크 경제는 탄탄하다. 2021년 1인당 GDP가 67,218달러다. 덴마크 노벨상 수상자는 13명이다. 덴마크의 직업 환경은 노동유연성(flexibility)과 고

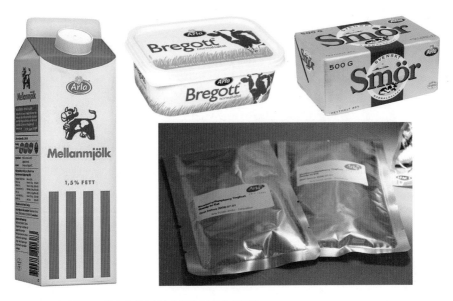

그림 15 **알라푸드 제품과 우주인 식품(오른쪽 하단)**

용보장(security)을 담보하는 플렉시큐리티(flexicurity)로 대표된다. 플렉시큐리
티는 노동시장의 유연성이 높은 제도이다. 실직 상황에도 경제적으로 안정
적 상태에서 재취업을 돕는 여러 제도가 마련되어 있다. 경제선진 복지국가
이며, 2019년 사회복지비용이 GDP의 28.0%로 세계 4위다. 덴마크에서는
복지의 상징인 병원 규모가 대규모다.

　1790년부터 협동조합운동(Danish cooperative movement)을 일으켜 농업과 산
업 경제 성장을 도모했다. 1864년 슐레스비히 전쟁에서 패한 뒤 농촌 부흥
운동에서 활성화되었다. 협동조합운동은 시간이 지나면서 소비자 단체·주
택·소매·은행업 등으로 다양화되었다. 협동조합운동의 논리는 19세기에
영국인 로버트 오웬이 구체화한 바 있다.

그림 16 레고 브랜드와 빌룬트의 레고랜드

덴마크는 젖소를 사육하여 치즈·우유·분유를 수출하는 낙농국가다. 돼지 사육도 활발해 햄·베이컨 수출로 국익을 창출한다. 2019년 농장수는 33,000개 이상이었다. 2000년 스웨덴의 유제품 조합 알라와 덴마크의 MD 푸드가 합병한 스칸디나비아 낙농회사 알라푸드(Arla Foods)가 출범했다.그림 15

덴마크는 전세계 어린이들이 즐기는 블록 완구 레고(Lego)의 나라다. 레고 그룹은 1932년 목공 올레 크리스티얀센이 빌룬(Billund)에서 가족기업으로 창업했다. LEGO는 덴마크어 LEg GOdt(잘 놀다)에서 유래했다. 1998년에 로고 LEGO를 만들었다. 1968년 빌룬에 놀이공원 레고랜드(Legoland)가 지어졌다. 유틀란트의 빌룬에서 북쪽 1km 지점에 있다. 레고랜드는 4천 2백만 개의 플라스틱 레고 블록으로 만들어진 10ha의 테마공원이다.그림 16 레고 작품『코펜하겐 니하운 항구』는 압권이다. 레고 모형 건물 디자인이 실제보다 더 사실적이다. 모형 요트와 배가 전기로 작동되기도 한다. 3백만개의 블록이 사용되었다.그림 17 『미국의 러시모어 거인상』등 다양한 작품이 있다.그림 18

그림 17 **니하운 레고 모형**

그림 18 **미국 러시모어 거인상 레고 모형**

그림 19 덴마크의 머스크 라인 컨테이너선

　1964년 인구 6,662명인 빌룬 마을에 공항이 들어서 빌룬은 도시로 성장했다. 덴마크 이외 나라에도 8개의 레고랜드가 들어섰다. 1996년 영국 버크셔 윈저에 『레고랜드 윈저 *Legoland Windsor*』가 건설됐다. 2003년 『런던 트라팔가르 광장』 등의 전시물이 세워졌다. 향후 한국 춘천을 비롯해 3개의 레고랜드가 덴마크 이외의 지역에 지어질 예정이다.

　머스크 그룹(Maersk Group)은 덴마크의 운송·물류·에너지 회사다. 1904년 덴마크 Svendborg에서 Møller 부자(父子)가 설립했다. 현재는 코펜하겐에 본사가 있으며, 세계 130개국에 지사가 있다. 하늘색 바탕의 7각형 별모양 로고는 독실한 기독교인이던 Peter Møller의 아이디어라 한다. 컨테이너

해운회사 머스크 라인(Maersk Line)은 머스크 그룹의 자회사로 세계 최대 컨테이너 선사(船社)다. 1966년에 첫 컨테이너선(船) 운항을 개시했다. 1996년 이후 가장 큰 컨테이너선을 확보하고, MSC와 컨테이너선 산업 연합체인 2M을 구축해 해운업계 선두로 올라섰다.그림 19

덴마크는 1970년대에 바다에서 바람으로 터빈을 돌려 전기를 생산하는 상업적 풍력 발전(wind power, wind turbine)을 선도했다. Vestas와 Siemens Wind Power 등의 덴마크 제조업체가 전세계 풍력 터빈의 상당 부분을 생산한다. 2019년 덴마크 전력 소비량의 47%를 풍력으로 생산했다.그림 20

덴마크 경제의 구성비는 2017년의 경우 서비스가 79.9%, 산업이 10.7%, 유틸리티와 건설 6.7%, 농업이 2.4%다. 주요 산업은 풍력 터빈, 의약, 기계 기기, 낙농 식품, 디자인, 운송, 건설 등이다. 이들 주요 산업 제품이 대부분 수출된다.

그림 20 **덴마크의 해상 풍력발전**

그림 21 **코펜하겐의 안데르센 동상과 동화작가 안데르센**

　한스 크리스티안 안데르센(Andersen) 동상이 코펜하겐 시청 앞에 있다. 그는 1805년 덴마크 오덴세(Odense)의 구두 수선공 아들로 태어났다. 그가 루터교에서 세례를 받았을 때 대부모(代父母)는 한스 크리스티안 안데르센이라는 이름을 붙여 주었다. 집안은 가난했고, 어머니는 독실한 루터교 신자였다. 그녀는 안데르센에게 루터교 신앙을 심어주었다. 아버지는 인형극과 옛날이야기를 자주 들려주었다.그림 21

　안데르센은 1828년 코펜하겐 대학교에 입학했고, 1834년에 발표한『즉흥시인』으로 호평을 받았다. 1835년부터 동화 작품을 썼다. 1872년까지 쓴 160여 편의 동화작품은 성공적이었다. 그는 독신으로 살다가 1875년 70세

되던 해에 코펜하겐에서 세상을 떠났다. 그의 작품은『인어공주』등이 있다. 안데르센의 작품은 150개 이상의 언어로 번역 출판되었다.

안데르센은 니하운에서 살았다. 집세가 부족해 이사를 자주 다녔다. 그는 니하운 20번지에서 1835년『어린이들을 위한 동화집』을 썼다. 최초의 동화집이었다. 니하운 67번지에서 1848-1865년 동안 살았다. 안데르센의 말년인 1871-1875년의 기간은 니하운 18번지에서 보냈다.그림 22 1908년에 안데르센이 태어나서 어린 시절을 보낸 고향 오덴세(Odense)에 안데르센의 집(Odense Andersen House)이 개관되었다. 이곳에는 안데르센과 관련된 각종 자료들이 전시되어 있다.

그림 22 **안데르센의 니하운 거주지 20번지, 67번지, 18번지**

그림 23 **키에르케고르와 동상**

　1800년대 전반에 활동한 쇠렌 키에르케고르는 덴마크를 대표하는 철학
자다. 그는 실존주의 선구자로 인정받았다. 그의 사상은 '개체성'과 '신앙
의 도약'으로 집약된다. 그리고 그는 기독교 실존주의자로 평가되기도 한
다.그림 23

그림 24 **산데모세와 얀테의 법칙 돌판**

　덴마크의 기본 정서는 얀테의 법칙으로 설명된다. 산데모세(Sandemose)의 소설『도망자 *A Fugitive Crosses His Tracks*』(1933)에서 Jante 마을에 사는 사람들의 정서가 묘사됐다. "너는 그냥 평범하며 다른 사람보다 잘난 것이 없다."는 보통 사람의 정서를 그렸다. 대체로 덴마크를 위시하여 북부 유럽의 정서가 얀테의 법칙과 유사하다는 평가가 있다.그림 24

그림 25 **코펜하겐**

02 수도 코펜하겐

코펜하겐(Copenhagen)은 덴마크의 수도다. 덴마크어로 København(쾨벤하운)
이라 한다. 2021년 기준으로 179.8km² 면적에 794,023명이 살고 있다. 코
펜하겐 대도시권 인구규모는 2,057,142명이다.그림 25

　코펜하겐은 로마 시대에는 Hafnia(하프니아), 중세 덴마크 시대에는 Havn
(하운)이라 했다. 코펜하겐은 상인의 항구라는 뜻인 Køpmannæhafn(쾨프마네
하픈)에서 유래했다. 1175년 발데마르 1세 때 슬라브인의 침입을 막기 위해
셸란 섬에 구축한 요새가 오늘날 코펜하겐의 기원이 되었다. 1416년 포메라
니아의 에리크 국왕(Eric of Pomerania)이 코펜하겐을 덴마크의 수도로 정했다.

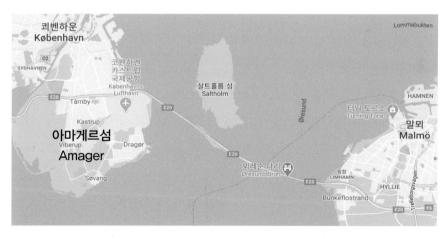

그림 26 **덴마크의 아마게르섬**

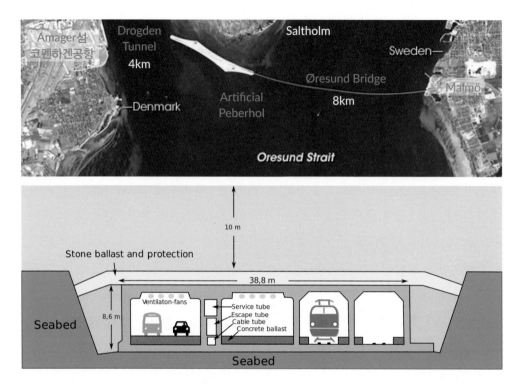

그림 27 **외레순 다리 지도와 해저 터널 모형**

코펜하겐은 셸란 섬의 동쪽 끝에 위치한다. 코펜하겐의 일부 지역은 코펜하겐에 딸린 아마게르(Amager) 섬에 있다. 2000년 외레순 다리(Øresund Bridge)가 건설되었다. 외레순 다리는 코펜하겐과 스웨덴의 말뫼를 이어준다. 말뫼에서 외레순 다리를 건너 코펜하겐으로 출퇴근이 가능하다. 외레순 다리는 스웨덴 말뫼에서 해협의 중간에 있는 인공섬 Peberholm까지 8km의 외레순 다리와 인공 섬에서 덴마크 아마게르 섬까지 4km의 드로그덴(Drogden) 해저 터널이 결합된 교통로다. 드로그덴 해저 터널에서 밖으로 나오면 덴마크의 아마게르섬으로 연결된다.그림 26, 27 아마게르 섬에는 코펜하겐 캐스트럽(Copenhagen Kastrupt) 공항이 있다.그림 28 코펜하겐 대도시권이 중심도시 주변 지역으로 넓게 확장되어 있다.그림 29

코펜하겐에는 덴마크의 왕궁, 국회, 정부가 함께 있다. 1760년에 4개의 궁전이 세워졌다. 덴마크 왕실의 거처는 아말리엔보르 궁전으로 1794년부터 사용하고

그림 28 **코펜하겐 케스트럽 공항**

있다. 현재는 마르그레테 2세 여왕과 가족이 산다. 크리스티안 7세와 8세 궁전이 공개되어 있다. 궁전 건너편에 오페라 하우스가 있다.그림 30 왕궁광장 가운데에 프레데리크 5세 동상이 있다. 매일 정오에 위병 교대식이 행해진다.그림 31 1983년에 아말리엔보르 성과 해안 사이에 아말리에 정원이 조성됐다.그림 32

그림 29 **코펜하겐 대도시권**

그림 30 코펜하겐의 아말리엔보르 궁전과 오페라 하우스

그림 31 아말리엔보르 궁전의 프레데리크 5세 동상과 위병

그림 32 **아말리에 공원, 프레데리크 5세 동상, 마블교회**

그림 33 **코펜하겐의 게피온 분수 정면**

그림 34 **코펜하겐의 게피온 분수 측면**

아말리엔보르 궁전에서 500m 떨어진 곳에 게피온 분수(Gefion Fountain)가 있다. 북유럽 신화의 게피온 여신이 소떼를 끌어 당기는 모습을 형상화했다. 덴마크인 분드가르드가 디자인했고 칼스버그 재단이 지어 코펜하겐시(市)에 기증했다.그림 33, 34

1167년 압살론(Absalon) 주교가 코펜하겐 항에 위치한 Slotsholmen 섬에 크리스티안스보르(Christiansborg) 성을 세웠다. 덴마크의 입법기관인 국회의사당, 행정기관인 총리 관저, 사법기관인 대법원 청사가 있다. 1794년과 1884년 화재 후 1928년에 재건축되었다. 성 앞에는 프레데리크 7세(Frederick VII)의 동상이 세워져 있다. 그리고 채플실이 따로 개설되어 있다.그림 35, 36

그림 35 **코펜하겐의 크리스티안스보르 성**

그림 36 **덴마크의회 건물과 프레데리크 7세 동상**

그림 37 **코펜하겐대학교**

　　1479년 크리스티안 1세 국왕이 가톨릭 교육기관으로 코펜하겐대학교를 설립했다.그림 37 1905년에 완공된 시청사에는 높이 106m의 시계탑이 있다. 시청사는 회의실, 결혼식 등으로 활용되기도 한다. 코펜하겐의 중심가인 시청 광장에는 중세 덴마크 양식과 이탈리아 르네상스 양식을 혼합한 건축물이 많이 있다. 시청 광장은 코펜하겐의 상업지대로 시민들이 즐겨 찾는 장소다. 대부분의 명소가 시청 주위에 집중되어 있다. 시청 앞 광장에는 안데르센 동상이 있다.그림 38, 39

작은   인어상(The Little Mer-
maid)은 코펜하겐의 상징이다.
1909년 덴마크의 사업가 잡콥
슨이 인어공주의 발레 공연을
보고 깊은 감동을 받아 동상을
세우도록   지원해   이뤄졌다.
1913년   에릭슨(Edvard Erikson)
이 자신의 부인을 모델로 해
왕자를 그리는 인어공주를 조
각해서 앉혔다. 조난당한 왕자

그림 38 **코펜하겐 시청**

의 생명을 구하려면 인어공주가 인간이 되어야 한다. 인간이 되려면 목소리
와 몸의 일부를 버려야 하고, 왕자가 다른 사람과 결혼하면 인어공주는 바
닷속의 물거품으로 영원히 사라진다는 슬픈 이야기다. 그림 40

그림 39 **코펜하겐 시청 내부**

그림 40 **코펜하겐의 인어공주 상**

    니하운(Nyhavn, New Harbor)은 왕의 광장 구시가지로 가는 관문이다. 1670-1675년 기간에 덴마크·노르웨이 공동 군주 크리스티안 5세에 의해 건설됐다. 니하운에서는 부두·운하·레스토랑 기능이 이뤄진다. 오늘날은 요트와 관광선의 정착지로도 활용된다. 왕의 광장에서 Royal Playhouse에 이르는 지역은 밝은 파스텔 톤의 색감을 띤 17-18세기 타운 하우스와 카페, 레스토랑 등이 줄지어 있다.그림 41

그림 41 **코펜하겐의 니하운**

　1843년에 문을 연 티볼리 공원은 오래된 가족 단위 놀이공원이다. 1999년에 Black Diamond라는 별칭의 대규모 도서관 문화공간이 들어섰다. 그림 42 1648년 프레데리크 3세가 세운 덴마크 왕립도서관(The Royal Library) 등을 확장 개축해 건설했다. Queen's Hall에서는 콘서트, 연극공연, 콘퍼런스 등이 열린다. 사진과 만화예술 박물관도 있다. 덴마크 왕립극장(Royal Danish Theatre)은 1748년에 설립되었다. 2005년 코펜하겐 홀멘(Holmen)섬에 코펜하겐 오페라 하우스(Copenhagen Opera House)가 들어섰고 이는 덴마크 건축가 라르센(Henning Larsen)이 설계했다. 그림 43

그림 42 코펜하겐의 Black Diamond 국립도서관

그림 43 코펜하겐의 오페라하우스 야경

덴마크는 독일과의 국경 아이더 강 위쪽 유틀란트 반도를 국가 기반의 근거지로 출발했다. 1300년대 후반 마르그레테 1세 이후 칼마르동맹으로 번성했다. 1864년 프로이센-오스트리아와의 전쟁에서 패한 후 국력이 쇠잔해졌다. 덴마크 국민들은 달가스, 그룬트비 등의 지도로 협동조합운동을 통해 다시 일어섰다. 오늘날 입헌군주국으로 운영되는 주요 서방국가다.

덴마크어는 자국어다. 덴마크 사람 중 상당수가 영어, 독일어, 스웨덴어로 회화할 수 있다. 풍력 터빈, 의료, 기계, 운송, 식품 산업에 집중해 경제 기반을 구축했다. 2021년 기준으로 1인당 GDP가 67,218달러다. 덴마크 노벨상 수상자는 13명이다. 협동조합운동이 활발하며, 사회보장제도도 잘 갖춰져 있다. 낙농제품은 세계적이다. 덴마크 빌룬에서 출발한 레고는 전 세계 어린이들의 놀이 문화를 바꿨다. 덴마크 머스크 라인은 컨테이너 물류로 전 세계에 영향을 미치고 있다. 안데르센은 동화작가로 덴마크를 세계에 알렸다. 1536년 종교개혁이 이뤄져 개신교인 루터교를 국교로 받아들여 국가 안정화를 도모했다. 덴마크는 이른바 얀테의 법칙을 일상생활에서 구현하여 튀지 않고 함께 살아가는 생활양식을 보인다. 코펜하겐은 덴마크의 정치·경제·사회 모든 분야에서 덴마크의 생활양식을 녹여내고 있다. 입법·사법·행정의 3권이 크리스티안스보르 성 안에 함께 있다는 점이 인상적이다.

Kiruna

Malmberget

NORRBOTTENS LÄN

Jokkmokk

Boden
Luleå
Piteå

Storuman
VÄSTERBOTTENS LÄN
Skellefteå

Vilhelmina Lycksele

Umeå

JÄMTLANDS
LÄN
Örnsköldsvik
VÄSTERNORRLANDS
LÄN
Östersund
Härnösand

Ånge
Sundsvall

GÄVLEBORGS
LÄN

Hudiksvall

KOPPARBERGS
LÄN Mora
Falun Gävle

Borlänge
UPPSALA
LÄN

1 Uppsala
VÄRMLANDS Västerås
LÄN STOCKHOLMS
Karlstad LÄN
ÖREBRO
LÄN ★
Örebro Stockholm
2 Södertälje

Mellerud Mariestad
SKARA- Motala Nyköping 1 VÄSTMANLANDS LÄN
BORGS Norrköping 2 SÖDERMANLANDS LÄN
Uddevalla LÄN Linköping
GÖTEBORGS Falköping ÖSTERGOTLANDS
OCH BOHUS LÄN
LÄN Borås Västervik GOTLANDS
Göteborg Jönköping Nässjö KALMAR LÄN
LÄN
Varberg JÖNKÖPINGS Visby
Värnamo LÄN Oskarshamn
Växjö
Halmstad KRONOBERGS Kalmar
LÄN
Helsingborg Hässleholm
BLEKINGE
LÄN
Lund Kristianstad Karlskrona
KRISTIANSTADS
Malmö LÄN
MALMÖHUS Ystad
LÄN

스웨덴 왕국

노벨과 노벨상

그림 1 스웨덴의 햇볕 즐기기

01 스웨덴 전개 과정

스웨덴(Sweden)의 정식명칭은 스웨덴왕국이다. 영어로 Kingdom of Sweden으로 쓰며, 스웨덴어로는 Konungariket sverige(코눙아리케트 스베리예)라고 표기한다. 2021년 기준으로 면적은 450,295㎢이다. 인구규모 10,380,491명으로 북유럽에서 인구가 가장 많다. 해안선의 길이는 3,218km이며, 수도는 스톡홀름이다. 스웨덴 인종구성은 스웨덴인이 95%이며, 핀란드인이 4% 정도다. 스웨덴 국기는 파란색 바탕 위에 노란색 십자가가 그려져 있다. 겨울은 한랭하고 여름은 온화하다. 햇볕이 좋은 화창한 여름날이면 일광욕을 즐긴다.그림 1

스웨덴은 중세 초기 스베아족이 들어와 거주지를 만들면서 시작되었다. 9-11세기에는 바이킹의 시대였다. 13세기 초 비르에르 얄(Jarl)이 통일국가의 기초를 닦았으며, 1252년에 스톡홀름을 세웠다. 시청사에 그가 누워 있는 기념비가 있다.그림 2 1397

그림 2 **스톡홀름 시청의 비르에르 얄 기념비**

그림 3 **구스타브 1세 바사와 구스타브 2세 아돌프**

년 덴마크·스웨덴·노르웨이를 포괄하는 칼마르동맹(1397-1523)이 결성됐다. 스웨덴은 덴마크 왕조의 지배를 받았다. 그러나 1520년 스톡홀름 피바다 사건(Stockholm Bloodbath)이 터지자 구스타브 에릭슨(Gustav Eriksson)의 주도로 독립운동이 펼쳐졌다. 독립을 쟁취한 그는 1523년 구스타브 1세 바사 왕으로 추대되어 1560년까지 스웨덴을 통치했다. 바사 왕은 현대 스웨덴의 창립자(founder of modern Sweden)이자 국가의 아버지(father of the nation)로 추앙되었다. 그는 자기를 성경의 모세(Moses)에 비유했다고 한다. 스웨덴을 강국으로 만든 바사의 손자 구스타브 2세 아돌프가 즉위했다. 그는 근대전쟁의 아버지(father of modern warfare) 내지 북방의 사자(The Lion of the North)라고 불렸다. 아돌프 왕이 즉위한 1611년부터 1721년까지 스웨덴은 스칸디나비아 반도와 핀란드 등을 지배한 북방의 패권 국가였다.그림 3

스웨덴은 1809년에 헌법을 제정했다. 1905년 노르웨이가 독립하면서 스웨덴의 국토는 오늘날의 영토로 재조정되었다. 스웨덴은 제2차 세계대전 때 나치가 노르웨이로 가는 길을 내주는 대가로 나치의 공격을 피했다. 스웨덴은 제1·2차 세계대전 때 전쟁 공산품 수출경제로 발전했다. 1960년대 이후 자유무역 환경과 정치적 안정 등에 힘입어 산업국가로 탄탄하게 성장했다. 오늘날 스웨덴은 입헌군주제의 의원내각제다. 1973년 즉위한 구스타브 16세 칼 국왕이 재임하고 있다. 1946년 유엔에 가입한 스웨덴은 대외적으로 중도 우파를 표방한다.

Alfred Nobel(노벨, 1833-1896)은 스톡홀름에서 발명가의 아들로 태어났다. 그는 5개 국어에 능통했다. 프랑스와 미국에서 수년간 화학과 기계공학을 연구했다. 그는 고체 폭탄인 다이너마이트를 발명해 거부가 되었다. 노벨은 다이너마이트가 문명 건설공사에 도움이 되었지만 한편으로는 살상용으로 쓰이는 점에 대해 크게 슬퍼했다. 노벨의 유언에 따라 1901년부터 노벨상 제도가 시행되었다. 물리

그림 4 **알프레드 노벨과 노벨상 메달**

학·화학·생리 및 의학 부문과 문학·경제학 부문, 그리고 평화 등의 6개 부문에 걸쳐 뚜렷한 공로를 낸 사람에게 매년 노벨상이 수여되고 있다.그림 4

스웨덴의 경제는 풍부한 수력, 철광석 등을 활용하여 기계·운송·통신·전자 부문의 산업이 발전했다. 1876년에 설립한 통신장비 Ericsson, 1873년

그림 5 스웨덴 기업 Ericsson, Volvo, H&M, SKANSKA 로고

에 창립한 산업용 공구장비 Atlas Cop-co, 1887년에 시작한 건설업 Skanska, 1927년에 출발한 자동차 Volvo, 1947년에 들어선 의류업 H&M 등은 세계적 기업이다.그림 5 스웨덴 노벨상 수상자는 32명이다. 2021년 스웨덴의 1인당 GDP는 58,977달러다. 2021년 GDP 대비 국가 채무비율은 26%에 머물고 있다.

　　종교는 복음주의 루터교(Lutheran Church of Sweden)다. 스웨덴의 복지정책은 스웨덴 교회의 빈민구제사업으로부터 시작됐다. 1642년 구빈법(Beggar Law)의 법제화가 이루어진 후 변화하고 발전하여 오늘날 견실한 사회보장제도(social welfare system)가 실시되고 있다. 팝 그룹 ABBA와 테니스 선수 보리(Björn Borg)는 스웨덴을 세계에 알렸다.그림 6

그림 6 스웨덴 팝 그룹 ABBA와 테니스 선수 비외른 보리

스웨덴의 공용어는 스웨덴어다. 스웨덴은 경쟁력을 갖기 위해 외국어 구사 능력도 키웠다. 15세 이상 인구의 89%가 영어로, 30%가 독일어로, 10%가 불어로 회화가 가능하다. 더불어 스페인어와 이탈리아어도 구사한다.

1972년 스웨덴 스톡홀름에서 유엔인간환경회의(UNCHE)가 열렸다. 바바라 위드(Barbara Ward)는 지속 가능한 개발(sustainable development)을 제창했다. 이 개념은 1992년 리우 환경회의에서 확대 발전했다. '국토와 도시 관리에서 환경적으로 안전하며 지속 가능한 개발'의 뜻인 ESSD(Eevironmentally Sound and Sustainable Development) 패러다임으로 발전했다. 스웨덴의 도시들은 대부분 친환경의 지속 가능한 도시를 추구한다.

그림 7 **스톡홀름**

02 수도 스톡홀름

스톡홀름(Stockholm)은 발트(Baltic)해와 스웨덴 내륙의 멜라렌(Mälaren) 호수 사이에 있다. 스웨덴의 수도이다. 스칸디나비아 반도의 최대 도시다. 2020년 기준으로 188km² 면적에 975,551명이 산다. 스톡홀름 대도시권 인구는 2,391,990명이다. 14개의 하중도가 연결되어 이루어진 도시다. 「북방의 베네치아」라고 불린다. Stock은 '통나무'라는 뜻이고, holm은 '섬'이라는 뜻이다. 멜라렌호 상류에서 띄운 통나무가 닿는 땅에 도시를 짓기로 해 그 이름을 스톡홀름이라 했다고 한다. 1912년에 하계 올림픽 대회가 개최되었으며, 1958년에 FIFA 월드컵 결승전이 열렸다. 1998년에 유럽 문화 수도로, 2010년에는 유럽의 환경 도시로 선정되었다. 그림 7

그림 8 **스톡홀름 중심시가지 지도**

그림 9 **스톡홀름 감라스탄**

　　1252년 비르에르 얄이 스톡홀름을 세우면서 도시 역사가 시작됐다. 스톡홀름은 철광 개발과 함께 멜라렌호와 발트해 사이의 전략적 요충지로 발전했다. 1523년에 구스타브 1세 바사 왕이 즉위하면서 중심도시가 됐다. 1634년에 이르러 스웨덴의 정식 수도가 되었고 그 이후 지금까지 스웨덴의 수도 지위를 유지하고 있다. 18세기에 흑사병과 대북방전쟁으로 침체되었으나, 19세기에 경제 중심지로 다시 일어섰다. 19세기 후반에는 공업도시로 성장했다.

그림 10 **스웨덴 의회(좌), 스톡홀름 궁전(우), 국립박물관, 스켑스홀멘 교회**

스타스홀멘 섬(Stadsholmen)에 있는 Gamla stan(감라스탄)은 '옛 도시'란 뜻의 구시가지(old town)다. 감라스탄은 스톡홀름의 역사와 문화가 녹아있는 핵심지다. 리다르홀멘, 헬겐안스홀멘, 스트룀스보리 등의 작은 섬이 주변에 있다.그림 8, 9

감라스탄은 13세기부터 형성되었다. 감라스탄 윗쪽에 스톡홀름 궁전, 의회건물, 의회 뒷쪽에는 국립박물관, 왕궁 뒷쪽에 Skeppsholmen(스켑스홀멘) 교회가 있다.그림 10 1697-1760년 사이에 세운 스톡홀름 궁전은 스웨덴 군주의 공식 거주지다.그림 11 왕의 실제 거주지는 1662-1686년에 건축되어 여름궁전으로 사용되는 드로트닝홀름(Drottningholm) 궁전이다.그림 12 의회 건물은 1897-1905년 기간에 건설됐다. 궁전 옆에 있는 스톡홀름 성당은 1306년에 봉헌된 교회로 감라스탄에서 가장 오래된 건물이다.

감라스탄 중심부에 '대광장'을 뜻하는 스토르토리에트(Stortorget) 광장이 있다. 이 광장은 1520년 스톡홀름 피바다 사건이 일어난 곳이다.그림 13

그림 11 **스톡홀름 궁전**

그림 12 **드로트닝홀름 궁전**

스토르토리에트 광장 북쪽에 1773-1778년 사이 건설된 스톡홀름 증권거래소가 있다. 2001년 증권거래소 건물 안에 노벨상 시상 100주년을 기념하여 노벨박물관이 개관됐다. 2019년에는 노벨상 박물관(Nobel Prize Museum)으로 개명했다. 노벨상 박물관에는 노벨의 생애와 역대 노벨상 수상자들에 관한 기록이 있다. 스웨덴 아카데미와 노벨 도서관이 함께 있다. 스웨덴 아카데미 본부는 증권거래소 맨 위층에 있다.그림 14 박물관 안에는 1996년 노벨 화학상을 받은 훌러린(Fullerene) 원소 모형이 있다.

그림 13 **스톡홀름 스토르토리에트 광장**

그림 14 **스톡홀름 증권거래소, 노벨상 박물관**

그림 15 **스톡홀름 콘서트홀, 밀스의 『오르페우스의 우물』**

스톡홀름 Hötorget(회토리에트) 광장에 1926년 개관한 스톡홀름 콘서트홀
이 있다. 홀 앞에는 1936년에 밀스(Carl Milles)가 조각한 『오르페우스의 우물
Orpheus Well』이 있다. 이곳에서 매년 노벨상 시상식이 열린다.그림 15 1923년
에 지은 스톡홀름 시청사는 쿵스홀멘섬 동쪽 끝에 있다. 시청타워에서 시
내 모습을 내려다 볼 수 있다.그림 16 시청사 Golden Hall(골든 홀)은 노벨상 기
념 만찬이 열리는 장소다.그림 17 노벨 평화상은 노르웨이 오슬로 시청에서
수여된다. 이곳에서 2009년에 미국 대통령 오바마가 노벨 평화상을 받았
다.그림 18

1700년대 후반 구스타브 3세는 스톡홀름을 스웨덴 문화의 중심지로 성

장시켰다. 왕립드라마센터, 왕립오페라극장(1773), 스웨덴한림원(1786), 왕립
도서관, 국립박물관(1792/1866), 구스타브 3세 유물박물관(1794) 등이 세워졌
다. 이 시기에 생물분류법을 개발한 식물학자 린네와 자연과학자 스베덴보
리 등이 배출되었다.

감라스탄 북서쪽에 1674년에 세운 기사의 관저(Riddarhuset)가 있다. 「귀족
의 집」이라 불리는 관저 앞에는 구스타브 1세 바사의 동상이 세워져 있다.
감라스탄 외스텔룽가탄 거리에는 1722년부터 운영 중인 오래된 음식점 「덴
길데네 프레덴」이 성업 중이다. 감라스탄의 쇼핑 거리는 좁은 보행자 도로
가 명물이다. 감라스탄에는 370여 개의 건축물이 있다.

그림 16 **스톡홀름 시청**

그림 17 **스톡홀름 시청 Golden Hall 노벨상 만찬장**

그림 18 **오슬로 시청 노벨평화상 시상장**

인구가 늘어나면서 감라스탄 남쪽에 싱글 직장인이 많이 거주하는 쇠데르말름(Södermalm) 지역이 들어섰다.그림 19 북쪽에는 상당수의 부유한 계층이 사는 외스테르말름(Östermalm)이 조성됐다.그림 20 19세기 후반 공업 발달로 이민자들이 유입되어 유르고르덴(Djurgården) 지역이 개발됐다.그림 21

도시가 확장되면서 대도시권화가 이뤄졌다. 1900-1930년의 기간에 영국의 전원도시를 모델로 스톡홀름 주변지역애 순드비베리(Sundbyberg) 솔나(Solna) 등의 주거지역이 건설됐다. 트램과 철도가 함께 발달했다. 시민들의 통근이 용이해졌다. 1930년대-1970년대 기간에 현대적인 공동 주택들이 들어섰다. 자동차가 새로운 교통수단이 되면서 시내 중심가를 관통하는 간선 도로가 건설됐고, 도심 재개발도 진행됐다. 지하철(Tunnelbana)이 등장했으며, 근교지역 지하철역 역세권에는 상업단지와 고층주거단지가 들어섰다.그림 22, 23

그림 19 **스톡홀름 쇠데르말름**

그림 20 **스톡홀름 외스테르말름**

그림 21 **스톡홀름 유르고르덴**

그림 22 스톡홀름 주변 거주지역 순드비베리와 솔나, 통근 트램

그림 23 스톡홀름 주변 전원도시 순드비베리

군 훈련장이었던 스톡홀름 북서쪽에 시스타 과학도시(Kista Science City)가 세워졌다. 1976년 스웨덴 기업인 에릭슨 연구소가 이전하면서 시작되었다. 2003년에 에릭슨 본사가 옮겨가자 관련 업체들도 함께 이전했다. IBM, 노키아 스웨덴 지사 등 국내외 IT·전자 기업들이 활동 중이다.「북유럽의 실리콘 밸리」라 불린다. 고용 규모는 약 2만 명이다.그림 24

그림 24 **스톡홀름 주변 과학도시 시스타**

그림 25 **예테보리**

03 제2도시 예테보리

예테보리(Göteborg)는 스웨덴 제2의 도시다. '고트인의 도시'란 뜻이다. '고트인의 성'이란 뜻인 고텐부르크(Gothenburg)라고도 한다. 고트인은 북 게르만족에 속한다. 2019년 기준으로 447.76㎢ 면적에 579,281명이 산다. 대도시권 인구는 1,025,355명이다. 예타(Göta) 강 하구에 있는 항구도시다. 스톡홀름에서 서쪽으로 500km 떨어져 있으며, 자동차·예타 운하·비행기로 연결된다. 예테보리는 해안가를 따라 길게 선형으로 발달한 선형도시다. 예테보리는 노르웨이·덴마크·독일과 연결되는 해상교통 중심지로, 노르딕 국가에서 가장 큰 항구도시다. 그림 25, 26

그림 26 **예테보리 항구**

그림 27 **예테보리 시청과 구스타브 2세 아돌프 동상**

    1621년 구스타프 2세 아돌프가 네덜란드와의 무역항을 구축하고자 예테
보리를 건설했다. 1854년 시청 광장에 Gustav II Adolf(구스타브 2세 아돌프) 국
왕의 동상이 세워졌다. 시청은 1670년에 지어진 건물에서 업무를 보다가,
2010년에 법원 건물로 이전했다.그림 27

1927년 볼보(Volvo) 자동차가 예테보리에서 창업해 예테보리 경제의 큰 버팀목이 되었다. 예테보리 중심거리는 1860년대-1930년대에 조성된 쿵스포르트아베뉜(Kungsportsavenyn, Kingsgate Avenue)이다. 거리 끝자락에 예타 광장(Götaplatsen)이 있다. 1921년 예테보리 도시 창립 300주년을 기념하는 국제 산업전시회가 열렸는데, 이때부터 예타 광장이 에테보리 문화중심지가 됐다. 예타 광장 주변에 예테보리 콘서트홀, 미술관, 극장, 도서관이 들어서 있다. 1923년에 예테보리 미술관이 개관했다. 1931년 미술관 앞에 스웨덴 조각가 밀스(Carl Milles)가 『포세이돈 *Poseidon*』상을 조각해서 세웠다.그림 28

그림 28 **예테보리의 쿵스포르트아베뉜과 밀스의 『포세이돈』**

그림 29 **예테보리의 리세베리**

그림 30 **예테보리 중앙역**

예테보리에 있는 리세베리 (Liseberg)는 1923년 개장한 테마파크다. 매년 3백만 명 이상이 방문한다. 나무로 된 롤러코스터가 있는 예테보리의 명물이다.그림 29 1858년에 문을 연 예테보리 중앙역은 오래되었고 아름다운 역이다.그림 30

예타 강 하구 릴라 봄멘 지역에 1994년 예테보리 오페라하우스가 개관했다. 유선형의 배 모양을 한 예테보리 문화명소다. 오페라하우스 근처에 「립스틱」이라는 애칭을 가진 86m 높이의 레스토랑은 예테보리 시민들이 즐겨 찾는 장소다.그림 31

그림 31 예테보리 레스토랑 「립스틱」(좌)과 예테보리 오페라하우스(우)

그림 32 **말뫼**

04 제3도시 말뫼

말뫼(Malmö)는 스웨덴 서남부 스코네(Skåne, Scania) 주의 주도다. 말뫼의 본래 명칭은 Malmhaug로 '자갈 더미(gravel pile) 또는 광석 언덕(ore hill)'의 뜻이었다. 스웨덴 서남쪽 끝의 외레순(Øresund) 해협에 연해있는 항구도시다. 덴마크의 코펜하겐 건너편에 있다. 2019년 기준으로 말뫼는 332.6㎢ 면적에 344,166명이 산다. 말뫼 대도시권 인구는 740,840명이다. 스톡홀름, 예테보리 다음으로 큰 스웨덴 제3의 도시다.그림 32

말뫼에 관한 기록은 1275년에 처음 나온다. 말뫼는 수세기 동안 덴마크에서 코펜하겐 다음으로 큰 도시였다. 말뫼의 상징인 그리핀 머리(Griffin)가 만들어졌다. 그리핀 머리는 스코네 지방까지 알려져 이 지방의 상징이 되었다. 1380년경에 완공된 성 베드로 교회가 말뫼에서 가장 오래된 교회다.그림 33 1544년 말뫼 시청 건물이 들어섰다. 17세기에 말뫼는 스웨덴과 덴마

그림 33 **말뫼의 그리핀 동상과 성 베드로 교회**

그림 34 **말뫼의 코쿰스 조선소**

크 사이의 전쟁으로 파괴되었다. 18세기에 스웨덴으로 넘어간 후 말뫼는 더욱 쇠퇴했다.

　1840년에 코쿰(Frans Henrik Kockum)이 코쿰스 조선소를 세우면서 말뫼는 성장의 발판을 마련했다. 조선·섬유·기계 산업이 활성화됐다. 말뫼는 덴마크와 유럽으로 취항하는 스웨덴의 문호를 개방하는 항구가 되었다. 그러나 말뫼는 1970년대 이후 한국과 일본 조선소들이 성장하면서 경쟁력을 상실했다. 결국 말뫼 코쿰스 조선소는 1987년에 파산하였다. 조선업이 중단되면서 제조업이 쇠퇴했다. 약 3만 명이 일자리를 잃었다. 당시 말뫼 인구의 10%에 해당했다. 2002년 코쿰스 조선소는 부지와 시설 장비를 모두 매각했다. 1973년에 설치된 말뫼의 상징인 높이 140m 중량 7000t의 초대형 크레인이 한국의 현대중공업에 1달러로 인수되었다. 크레인 철거, 울산까지의 운송, 재조립하는 비용 등 220억은 현대중공업이 부담했다. 일련의 이 사건은 「말뫼의 눈물(Tears of Malmö)」로 불렸다. 세계 조선업의 중심이 유럽에서 동아시아로 넘어가는 상징적 사건이었다.그림 34

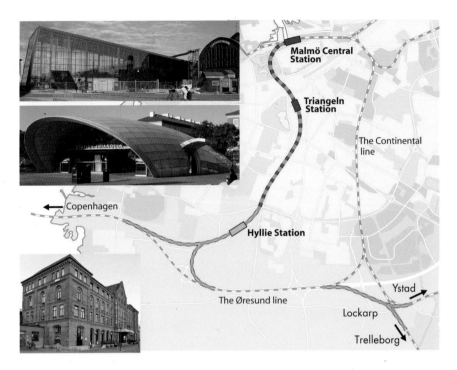

그림 35 **말뫼의 시티터널역(상)과 말뫼 중앙역(하), 트리앙겔른역(중)**

　1994년부터 말뫼는 도시의 주요 산업을 조선과 제조업에서 문화와 지식 산업으로 바꿨다. 1998년에는 코쿰스 조선소 부지에 말뫼 대학(Malmö University)을 세웠다. 말뫼 대학에서는 새로운 산업을 지원하고 인력을 육성하며 창업지원센터를 선도했다. 2000년 이후 말뫼는 새로운 활기를 찾았다. 말뫼는 신재생에너지·IT 산업 등 지식산업으로 일어섰다. 이러한 변화를 두고 「말뫼의 눈물」과 비교하여 「말뫼의 웃음」이라 말하기도 한다.

1856년에 말뫼에 철도가 개통되어 말뫼 중앙역이 들어섰다. 철도는 말뫼와 스웨덴 각지를 연결시켜 말뫼가 스웨덴의 주요 도시로 성장하는 동력이 되었다. 2010년에 이르러 말뫼에는 지하철도인 시티 터널(City Tunnel)이 개통되었다. 총 길이가 17km이다. 말뫼 지하를 지나는 터널은 6km다. 말뫼 중앙역 지하 승강장과 트리앙겔른(Triangeln) 역이 지하역이다. 휠리에(Hyllie) 역은 지상 역이다.그림 35

그림 36 **외레순 다리**

그림 37 **외레순 다리 말뫼 입구(좌상단)와 중간(우상단), 말뫼-코펜하겐 거리**

  2000년에 말뫼와 코펜하겐을 연결하는 외레순 다리(Øresund Bridge)가 완공
됐다.그림 36 말뫼와 코펜하겐까지는 41.3km다. 연결된 외레순 다리로 두 지
역은 44분이면 연결된다.그림 37 말뫼와 코펜하겐은 인공섬 Peberholm(페베
르홀름)까지는 외레순 다리로, 그 이후는 바다 밑으로 연결되어 있다.그림 38, 39
말뫼는 코펜하겐과 유럽의 철도 노선에 연결되어 광범위한 유통구조를 갖
게 됐다. 이로써 말뫼는 크게 활력을 얻었다. 덴마크인들은 물가가 싼 말뫼
에서 살면서 코펜하겐으로 출퇴근했다. 말뫼와 코펜하겐은 사실상 하나의
도시권처럼 형성되어 있다. 이러한 도시권을 하나의 생활권으로 발전시키
자는 논의가 이루어지고 있다.

그림 38 외레순 다리의 도로와 철도의 이중 구조

그림 39 말뫼-외레순 다리-인공 섬 페베르홀름

그림 40 **말뫼의 터닝 토르소 주변지역**

　2005년에 스칸디나비아에서 가장 높은 빌딩 Turning Torso(터닝 토르소)
가 세워졌다. 산티아고 칼라트라바가 디자인했다. 터닝 토르소는 말뫼의
새로운 랜드 마크가 되었다. 말뫼의 상징 터닝 토르소는 조선소가 있던 지
역에 들어섰다. 1~2층은 상업용으로 사용된다. 3-54층은 주거용으로 쓰인
다. 터닝 토르소는 지상 1층에서 최상층인 54층까지 90° 각도로 틀어져 있
다.그림 40, 41

　말뫼는 세계 상용차 생산량 3위의 도시다. 1911년 말뫼에서 상용차 스카
니아(Scania) 회사가 창립되었다. 스카니아 회사 명칭은 말뫼가 속한 지방인
스코네(Skåne) 주의 영어식 명칭이다. 엠블렘에 찍힌 가공의 동물인 그리핀
은 스코네 주의 상징이다. 근래에 스카니아 본사를 스톡홀름 근교도시 쇠
데르텔리에로 옮겼다. 스카니아의 대주주는 독일 자동차회사 폭스바겐으
로 바뀌었다.

1538년에 건설된 말뫼 스토르토리에트(Malmö Stortorget)는 시민들이 즐겨 찾는 오랜된 장터다. 이곳에서 시민들은 일상에 필요한 생활용품을 구한다. 각종 집회도 열린다. 말뫼가 활성화되면서 2012년 힐리에 기차역 근처에 엠포리아 쇼핑몰이 개장되었다.

그림 41 **말뫼의 터닝 토르소**

05 제4도시 웁살라

웁살라(Uppsala)는 스톡홀름에서 북서쪽 71km 지점에 있다. 2019년 기준으로 48.77km² 면적에 177,074명이 산다. 1860년대에 철도가 부설된 후로 웁살라 산업은 농업에서 공업으로 변화되었다. 웁살라 산업은 IT산업과 BT산업 두 부문으로 발전하고 있다. 웁살라에는 웁살라 대학, 린네박물관, 왕립과학협회 등 오래된 건물이 많다.

웁살라 대학은 1477년 덴마크에 대한 독립투쟁이라는 국민주의 명분으로 세워졌다. 스웨덴에서 가장 오래된 대학이며 연구중심대학이다. 15명의 노벨상 수상자를 배출했다. 웁살라 대학도서관에는 방대한 희귀본이 소장되어 있다. 이 희귀본은 구스타브 2세 아돌프 국왕이 참전한 1648년 30년 종교전쟁 때 스웨덴군이 확보한 전리품이다.

1742년 웁살라 대학 천문학 교수였던 셀시우스(Anders Celsius)는 섭씨온도(℃) 개념을 제안했다.그림 42 웁살라 대학은 식물분류학의 칼 폰 린네가 교수로 활동했던 대학이다. 그는 1758년 10판 완성본으로 개정해『자연의 체계 *Systema Naturae*』를 출판했다. 식물분류에 대한 업적으로 린네는「현대 식물학의 시조」라고 평가받았다.그림 43 웁살라 대학에는 1655년에 문을 연 린네 식물원과 1787년에 개장한 큰 규모의 식물원이 있다.

그림 42 **웁살라 대학과 셀시우스**

웁살라 북단의 고(古) 웁살라(Gamla Uppsala, Old Uppsala)에는 약 300개의 고분 군이 있다. 3개의 고분은 5-6세기 왕들의 무덤으로 추정되고 있다. 3개의 고분 동쪽 언덕은 중세 때 왕과 농민의 집회가 열렸던「집회의 언덕」이다. 웁살라는 오딘(Oden), 토르(Tor), 프레이야(Frej) 신들의 숭배 중심지로 웁살라 신전이 있었다고 한다. 그리스도교 포교시대에는 이교도들이 고(古) 웁살라 지역을 중심으로 저항했다. 그러나 기독교 개종 후 이교 신전은 없어지고 그자리에 그리스도 교회가 세워졌다.

웁살라 대성당은 웁살라 대학과 파리스 강 사이에 있다. 1270-1453년 사이에 지어졌다. 그 후 탑과 바깥 건물이 보강되었다. 웁살라 대성당 탑의 높이는 119m다. 웁살라 성당은 로마 가톨릭교회에 의해 만들어졌으나 종교 개혁 이후 루터교회로 바뀌었다. 스웨덴의 대관식이 열리는 곳이었다. 구스타브 1세 바사, 요한 3세 등 스웨덴 군주들의 무덤이 있다.그림 44 추모 예배당 옆에 칼 폰 린네의 기념관이 있다.

CAROLI LINNÆI
EQUITIS DE STELLA POLARI,
ARCHIATRI REGII, MED. & BOTAN. PROFESS. UPSAL.;
ACAD. UPSAL. HOLMENS. PETROPOL. BEROL. IMPER.
LOND. MONSPEL. TOLOS. FLORENT. SOC.

SYSTEMA NATURÆ

PER
REGNA TRIA NATURÆ,
SECUNDUM
CLASSES, ORDINES,
GENERA, SPECIES,
CUM
CHARACTERIBUS, DIFFERENTIIS,
SYNONYMIS, LOCIS.

TOMUS I.

EDITIO DECIMA, REFORMATA.

Cum Privilegio S:æ R:æ M:tis Svecie.

HOLMIÆ,
IMPENSIS DIRECT. LAURENTII SALVII,
1758.

그림 43 린네와 저서 『자연의 체계』

그림 44 웁살라 대성당

스웨덴은 12세기에 기독교 국가가 되었다. 웁살라에 대교구가 만들어져, 최초의 스웨덴인 대주교가 임명되었다. 스웨덴에서는 1527년 구스타스 1세 바사 왕 때 종교개혁이 단행됐다. 1536년 국왕은 종교개혁의 일환으로 스웨덴 교회(Church of Sweden) 창설 운동을 일으켰다. 1544년 루터교는 국교가 되었다. 스웨덴 교회는 국교였던 루터교를 가리킨다. 본부가 웁살라에 있다. 스웨덴은 다른 종교를 선택하지 않으면 출생하면서 자동으로 루터교인으로 등록된다. 루터교는 2000년까지 국교였고, 오늘날 스웨덴 인구의 56.4%가 루터교인이다.

스웨덴의 공식 언어는 스웨덴어다. 경쟁력을 위해 스웨덴 사람들은 영어, 독일어, 불어 능력을 키웠다. 1960년대 이후 정치적 안정을 바탕으로 고부가 가치 산업을 발전시켜 부강한 나라로 성장했다. 2021년 스웨덴의 1인당 GDP는 58,977달러다. 스웨덴 노벨상 수상자는 32명이다. 경제력을 바탕으로 사회복지제도가 잘 갖춰진 선진국이 되었다. 스웨덴은 루터교를 국교로 채택했었으나 2000년 이후 자율화됐다. 오늘날 스웨덴 사람의 56.4%가 루터교인이다. 노벨은 스웨덴을 상징하며, 1901년 이래 스웨덴은 노벨상을 통해 세계 학술역량과 평화 증진에 기여하고 있다.

스웨덴의 역사는 스톡홀름으로 대표된다. 오래된 도시지역 감라스탄에는 스웨덴의 역사와 생활 양식이 온전히 보전되어 있다. 도시가 팽창해 대도시권화가 진행됐다. 동쪽에 유르고르덴, 남쪽에 쇠데르말름, 북쪽에 외스테르말름이 개발됐다. 외곽에 순드비베리, 솔나 등 거주 교외 지역이 세워졌다. 첨단산업 지역으로 시스타 과학도시가 들어섰다. 노벨상이 선정되고 시상하며 만찬을 베푸는 곳이 스톡홀름이다. 제2도시 예테보리는 최대 항구 도시다. 제3도시 말뫼는 지식산업도시로 발전하면서 외레순 다리를 놓고 터닝 토르소를 건설했다. 1477년 문을 연 웁살라 대학은 희귀본을 가지고 있으며 다수의 노벨상 수상자를 배출했다. 웁살라에는 스웨덴 교회의 본부가 있다.

FINNMARK

TROMS

NORDLAND

NORD -
TRONDELAG

SOR-
TRONDELAG

MORE OG
ROMSDAL

SOGN OG
FJORDANE

HEDMARK

OPPLAND

HORDA-
LAND

BUSKERUD

Oslo ●

OSLO

ROGALAND

TELEMARK

VESTFOLD

OSTFOLD

VEST-
AGDER

AUST-
AGDER

9

노르웨이 왕국

피오르드와 뭉크

그림 1 스칸디나비아 산맥

01 노르웨이 전개 과정

노르웨이(Norway)의 정식 명칭은 노르웨이 왕국이다. 영어로 Kingdom of Norway로 쓰며, 노르웨이어로 Kongeriket Norge(콩에리케 노르게)라 표기한다. Norway 국명은 '북쪽으로 가는 길'이란 뜻이다. 노르웨이인은 Norwegian으로 쓴다. '북쪽 지역에 사는 사람'이라는 뜻이다. 노르웨이 국기는 노르딕 십자가에 붉은색과 파란색을 사용했다. 스웨덴-노르웨이 연합왕국 때인 1821년 프레데릭 멜체르가 디자인했다. 2021년 기준으로 면적은 385,207㎢이며 인구는 5,391,369명이다.

노르웨이는 스칸디나비아 고원 산지로 이루어져 평야가 거의 없다. 산지는 빙하가 남아있거나 툰드라를 이루는 곳이 많다.그림 1 해안선은 빙상의 후퇴와 U자곡(字谷)의 일부에 바닷물이 들어와 복잡한 피오르드(fjord)가 만들어졌다. 피오르드 해안인 노르웨이 해안선 총길이는 5만여km로 지구 둘레의 1/4 이 넘는다.

북해 난류와 접해있는 서부 해안은 서안 해양성 기후로 늦가을 내지 초봄 같은 날씨다. 오슬로를 포함한 동부지역은 냉대 습윤기후로 한겨울에 추우나 영하 10℃ 이하로 내려가는 경우는 거의 없다. 일조량은 여름에 풍부하다. 이런 자연환경 영향으로 남부 저지대에 사람들이 모여 산다.

그림 2 **하랄 1세와 하랄 기념비**

북극점에서 1300km에 위치한 스피츠베르겐 섬에는 스발바르(Svalbard) 국제종자저장고가 있다. 지구 종말에 대비해 세계의 식물종자들이 저장되는 곳이다. 「최후의 날 저장고」라고도 부른다. 2008년에 문을 열었다. 총 2천만 개의 식물 종자가 있다.

노르웨이는 바이킹계인 노르드인이 세운 국가다. 872년 하랄 1세(Harald Fairhair)가 최초의 통일국가인 노르드 왕국을 건설해 930년까지 집권했다. 왕국 건설 1,000년째인 1872년에 그를 기리는 기념공원이 세워졌다.그림 2 노르웨이는 970년경부터 덴마크왕 하랄드 블라톤의 지배를 받았다. 1046년 하랄 3세 하르드라다(Harald III Hardrada) 때 덴마크의 지배에서 벗어났다. 오

그림 3 하랄 3세 하르드라다와 하르드라다 기마상 부조(浮彫)

슬로 시청 서쪽 벽에 하르드라다의 기마상 부조(浮彫)가 조각되어 있다.그림 3

　노르웨이의 왕 호콘 6세(Haakon VI)는 덴마크 왕 발데마르 4세의 딸인 Margrete(마르그레테) 1세(1353-1412)와 결혼했다. 호콘 6세는 노르웨이 국왕(재위 1355-1380)이자 스웨덴 국왕(재위 1362-1364)이었다. 1380년에 호콘 6세가 죽자 그들의 아들 올라프 2세가 노르웨이 왕과 스웨덴 왕을 계승했다. 올라프 2세가 어려 마르그레테가 섭정을 하여 실질적인 통치권을 행사했다. 올라프 2세가 사망했다. 마르그레테 1세는 1387년에 덴마크와 노르웨이의 군주로, 1389년에 스웨덴의 군주가 되었다. 그녀는 덴마크에서 Margaret I세(재위 1387-1412)로, 노르웨이에서 Margrete I세(재위 1387-1412)로, 스웨덴에서

Margareta(재위 1389-1412)로 칭해지며 공동 군주로 통치했다. 1397년에 스웨덴 항구도시 칼마르에서 덴마크, 노르웨이, 스웨덴 3개 왕국이 칼마르동맹(Kalmar Union)을 맺어 국가연합을 만들었다. 덴마크 왕을 수장으로 하는 칼마르동맹은 1397-1523년 사이에 존속했다.

1520년 스톡홀름 피바다 사건을 계기로 1523년 스웨덴이 100여 년간의 덴마크 지배에서 벗어나 독립했다. 그러나 1523년 노르웨이는 덴마크-노르웨이 왕국(Danmark-Norge, 1523-1814)이 세워지면서 덴마크와 동군연합 왕국으로 1814년까지 존속했다. 수도는 코펜하겐(덴마크)과 크리스티아니아(노르웨이) 두 곳이었다. 칼마르동맹에서 스웨덴이 독립했으나 종주국인 덴마크는 여전히 노르웨이, 아이슬란드, 그린란드, 페로제도를 다스렸다.그림 4

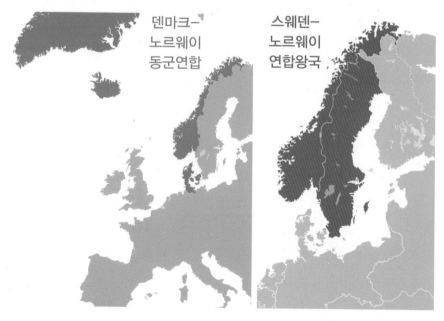

그림 4 **덴마크-노르웨이 동군연합(1523-1814) 스웨덴-노르웨이 연합왕국(1814-1905)**

그림 5 **노르웨이 호콘 7세와 호콘 7세 결혼식**

　1814년 나폴레옹 전쟁에서 덴마크는 프랑스 편에 섰으나 나폴레옹이 패하면서 덴마크도 함께 패했다. 노르웨이는 독립하지 못하고 스웨덴에 합병되었다. 합병된 스웨덴-노르웨이 연합왕국은 1905년까지 이어졌다.그림 4
1905년에 이르러 노르웨이는 덴마크의 칼 왕자를 노르웨이로 모셔와 노르웨이 국왕 호콘 7세로 추대했다. 노르웨이는 1905년 6월 7일에 91년간 스웨덴과의 관계를 청산하고 독립했다. 키가 190cm인 호콘 7세는 제1, 2차 세계대전을 이겨내고 1957년에 퇴위했다.그림 5

　노르웨이는 중립국으로 제1차 세계대전을 넘겼다. 그러나 1940년 제2차 세계대전 중 독일군이 덴마크와 노르웨이를 점령했다. 스웨덴은 노르웨이에 접근하는 열차의 길목을 나치에 제공했다. 길목을 제공한 스웨덴은 나치의 점령을 피할 수 있었다. 제2차 세계대전 중 노르웨이의 매국노 비트

그림 6 헤달 통널교회와 성 베드로 복음주의 루터교회

쿤 퀴슬링(Quisling)이 괴뢰정부를 만들어 나치에 협력했으나 나치가 패망하면서 총살당했다. 이 사건으로 영어의 quisling은 '매국노'란 뜻이 되었다. 제2차 세계대전 이후 중립 정책을 포기하고, 국제연합, NATO, 유럽평의회에 가입했다. 오늘날 노르웨이는 의원 내각제의 입헌 군주국이다.

노르웨이는 기독교 국가다. 1000년 전후에 로마 가톨릭이 노르웨이로 들어왔다. 12세기에 기독교가 전국적으로 퍼졌고, 1150-1350년 중 통널 교회(stave church)가 많이 지어졌다.그림 6 덴마크-노르웨이 동군연합의 왕이 된 크리스티안 3세가 1539년 종교개혁을 단행하여 복음주의 루터교 국가가 되었다.그림 6 1814년 스웨덴과 합병되면서 루터교가 국교가 되었다. 왕권을 기본으로 한 국가종교의 성격이 강했다. 노르웨이에서는 개신교 교회에서 왕의 여러 의식이 행해진다. 2016년까지 루터교가 노르웨이 국교였으나, 2017년부터 폐지됐다. 2011년 기준으로 복음주의 루터교가 82.1%, 다른 기독교가 3.9%, 로마 가톨릭이 2.3% 등 도합 88.3%가 기독교로 조사됐다. 이슬람, 불교 등의 타 종교가 보장된다. 노르웨이 사람들은 거짓을 삼가고, 시간관념이 확실하며, 술 등을 엄격히 관리한다.

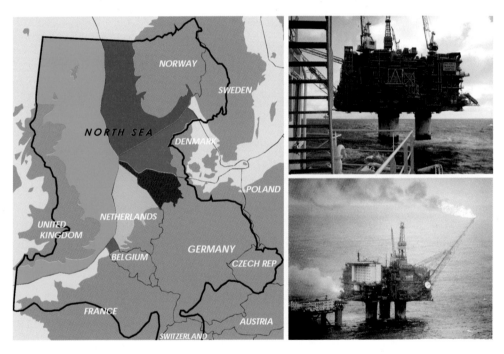

그림 7 북해유전과 슈타트피오르드 석유 플랫폼

그림 8 **노르웨이의 스타토일과 에퀴노르**

　노르웨이 경제는 1969년에 북해유전이 발견되면서 크게 호전됐다. 1972
년 국영석유회사 스타토일(Statoil)이 설립되었다. 2018년에 에퀴노르(Equinor)
로 바뀌었다. 에퀴노르는 국영 에너지 기업으로 노르웨이 석유·천연 가스
사업을 관장한다. Equi는 '동등한(Equal)'의 뜻이고 nor는 'Norway'를 의미
한다. 석유산업이 활성화되면서 상당수 어부들이 석유기술자로 전업했다.
2016년의 경우 노르웨이 석유 산업은 세계 13위로 올라섰다._{그림 7, 8}

　노르웨이는 1864년부터 바다에 관한 사업을 체계적으로 진행해 왔다. 오
슬로에는 해양산업분야와 관련된 회사가 2,000여 개 있다. 오슬로 항구에
는 매년 6,000대 선박, 600만t 화물, 500만 명의 승객이 거쳐 간다. 오슬로

그림 9 **입센, 『인형의 집』(1879) 원본 표지와 연극**

외곽 호빅(Høvik)에는 DNV GL 회사가 있다. 해상·재생 에너지·석유 및 가스·풍력·조력·태양열 등의 산업 분야 회사다. 세계 유수의 선급회사로, 세계 해양 파이프라인의 상당수가 DNV GL 기술표준에 맞추어 설계한다. 지형을 이용한 대량의 수력발전이 이루어져 전력공급이 원활하다. 2021년 노르웨이 1인당 GDP는 81,995달러이다. 2018년의 노르웨이 GDP 가운데 석유가 차지하는 비중은 18%였고 수출의 62%가 석유였다. 노르웨이 노벨상 수상자는 13명이다. 노르웨이 사람들의 대다수가 영어로 대화가 가능하다.

노르웨이에서는 사회보장제도가 잘 갖추어져 있다. 노르웨이는 사회민주주의 전통으로 양성평등의 역사가 길다. 1913년에 여성에게 투표권을 부여했다. 여성할당제를 적용하여 공직·공기업·상장기업 임원진의 상당수가 여성이다.

그림 10 **그리그와 입센의 『페르귄트』 부대음악 작곡 부
탁 편지(1874.1.23)**

노르웨이는 각 지역이 고립되기 쉬운 지형이어서 각 지역의 전통 문화가 상당히 남아 있다. 노르웨이 문학은 덴마크 통치에서 해방된 1814년 이후부터 독자적으로 발전했다.『인형의 집 *A Doll's House*』(1879)을 쓴 극작가 Ibsen(입센, 1828-1906) 등에 의해 대표되는 사실주의가 강하다.그림 9 입센은 1867년 희곡『페르귄트 *Peer Gynt*』를 썼다. Grieg(그리그, 1843-1907)는 입센의 『페르귄트』부대음악을 작곡하여 1876년 오슬로에서 초연했다.그림 10 19세기 전반 풍경화가 Dahl(달, 1788-1857)이 노르웨이 근대미술을 개척했다. 표현주의 화가 Munch(뭉크, 1863-1944)는『절규 *The Scream*』(1893)작품으로 노르웨이를 세계에 알렸다.그림 11

그림 11 **뭉크의 『절규』**(1893)

그림 12 **오슬로**

02 수도 오슬로

오슬로는 노르웨이의 수도다. 2020년 기준으로 480.75㎢ 면적에 697,010 명이 산다. Oslo 대도시권 인구는 1,588,457명이다. 노르웨이 인구의 절반 정도가 오슬로에서 차로 3시간 거리 안에 거주한다. 매년 7백여만 명의 외지인이 방문하여 북적인다. 그림 12

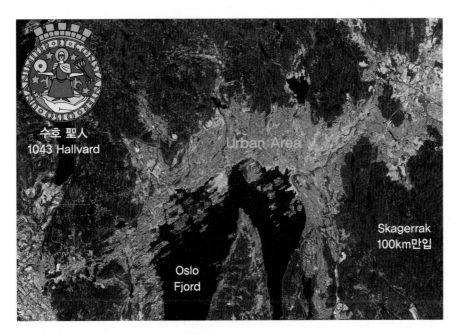

수호 聖人
1043 Hallvard

Urban Area

Skagerrak
100km만입

Oslo
Fjord

그림 13 **오슬로의 지리적 환경과 수호 성인**

오슬로의 수호성인은 1043년경에 활동했던 성 홀바르드(Saint Hallvard)다. 오슬로 휘장에서 화살 세 개를 쥐고 있는 남자이다. 오슬로의 지형적 위치는 노르웨이와 덴마크 유틀란트 반도의 사이에 있는 스카게라크 해협으로부터 100㎞ 만입(灣入)한 곳이다.그림 13 오슬로는 습윤 대륙성기후다. 여름은 온난하고, 겨울은 길고 추우며 눈이 많다. 편서풍의 영향으로 연중 얼지 않는 부동항이다.

오슬로는 1040년 바이킹 시대 말에 Ánslo라는 도시명으로 설립되었다. 1048년 하랄 3세 하르드라다 때 수위 도시(kaupstad)가 되었다. 1290년대에 방어를 위해 아케르스후스(Akershus) 성채를 건축했다.그림 14 1300년 호콘 5세(Haakon V)는 수도를 베르겐에서 오슬로로 옮겼다. 1624년 대화재로 도시 대부분이 파괴되었다. 덴마크와 노르웨이 공동 군주 크리스티안 4세(Christian IV)는 르네상스 양식 건물로 오슬로를 복구했다. 아케르스후스 성채 인근에 대체도시를 건설해 크리스티아니아(Cristiania)로 명명하고 주민들을 이주시켰다. 1877년에 도시 명칭이 Kristiania로 되었다가 1925년에 Oslo로 바뀌었다. 오슬로는 '언덕'이란 뜻이다.

그림 14 **오슬로의 아케르스후스 성채**

그림 15 **오슬로의 칼 요한스 거리**

오슬로 도심의 칼 요한스 거리는 오슬로 간선도로다. 이 거리의 이름은 1840년대 스웨덴과 노르웨이 공동 군주였던 칼 14세 요한(스웨덴 Karl XIV Johan, 노르웨이 Karl III Johan)의 이름을 따서 지었다. 동·서 거리로 나뉘어 있다. 동쪽은 오슬로역으로 서쪽은 노르웨이 왕궁으로 이어진다. 동쪽 보행자 거리에는 의류점, 노천카페, 레스토랑 등이 늘어서 있다.그림 15

노르웨이 왕궁은 칼 14세 요한 사후인 1849년에 완공되었다. 왕궁 앞에 그의 동상이 세워져 있다. 노르웨이 국왕 관저다. 1854년에 건설한 오슬로 중앙역은 오슬로 철도 4개 노선과 고속·지역 철도의 종착역이다. 오슬로 중앙역은 1980년에 새롭게 정비되었다.그림 16

1814년에 문을 연 노르웨이 국회의사당이 칼 요한스 거리에 있다. 국회의원은 정당명부식 비례 대표제 등으로 선출한다. 1815년에 세운 대법원이 오슬로에 있다.

그림 16 **오슬로 중앙역**

오슬로 시청사(Oslo rådhus)는 오슬로를 상징하는 건물이다. 1048년 오슬로
가 건설된 900주년을 기념하여 1931년에 짓기 시작하여 1950년에 완공했
다. 시청사에는 두 개의 탑이 있다. 내부에는 노르웨이 작가들의 예술품들
이 많이 있다. 매년 12월 시청사에서 노벨평화상 시상식이 열린다.그림 17, 18
시청사 앞에 2005년에 개관한 노벨평화센터가 있다. 1872년부터 사용된 오
슬로 서부역이 있었던 곳이다. 노벨평화상의 역사와 역대 수상자 자료가 있
다.그림 19 1904년에 노르웨이 노벨 위원회 활동을 지원하는 기관으로 왕궁
옆에 노르웨이 노벨 연구소가 설립됐다.

오슬로 대학교는 1811년 덴마크와 노르웨이 공동 군주였던 프레데리크 4
세(Frederick IV)가 설립했다. 베를린 훔볼트 대학교를 모델로 삼았다. 왕의 이

름을 따서 왕립 프레데리크 대학
교라 했으나, 1939년에 오슬로
대학교로 명칭이 바뀌었다.그림 20

1836년에 개관한 이후 2003
년에 합병한 오슬로 국립미술관
이 오슬로 대학교 뒤쪽에 있다.
「오슬로 국립 미술, 건축, 디자
인 미술관」으로도 불린다. 피카
소·르누아르 등 외국 작가와 뭉
크 등의 작품이 전시돼 있다. 오
슬로 국립미술관에는『마돈나』,
『절규』, 『사춘기』, 『생의 춤』
등 60여 점의 뭉크 작품이 있다.
1994년 오슬로 국립미술관의
『절규』작품과 2004년 뭉크미
술관의 템페라(tempera) 버전『절
규』가 도난당했으나 모두 되찾
았다.

그림 17 **오슬로 시청**

그림 18 **오슬로 시청 내부와 노벨평화상 시상장**

그림 19 **오슬로의 노벨평화센터**

그림 20 **오슬로 대학교**

뭉크의 탄생 100주년을 기념하여 1963년에 뭉크 미술관이 개관됐다. 뭉크는 1863년 노르웨이 뢰텐에서 출생했다. 아버지는 심한 이상 성격의 의사였다. 어머니와 누이는 결핵으로 일찍 죽었고, 뭉크 자신도 병약했다. 1881년 이후 오슬로 미술학교에서 수학했다. 1882년에 『자화상』을, 1894년에 『마돈나』를 그렸다. 뭉크는 공포와 우수의 상념 등을 색채로 표현하여 유럽파 표현주의 아버지로 평가받았다. 그는 평생 25,000점의 작품을 남겼다.그림 21, 22

그림 21 **오슬로의 뭉크 미술관**

그림 22 **뭉크의 『자화상』(1882) 『마돈나』(1894)**

　　오슬로는 상업기능을 강화하려고 아케르 브뤼게(Aker Brygge)를 조성했다.
아케르 브뤼게는 1982년에 오래된 조선소와 산업 부지를 쇼핑·상업·주거
지역으로 도시 재생한 지역이다. 인근에 노벨평화센터와 아케르후스 성채,
그리고 각종 쇼핑 시설 등이 연결되어 보행자도로(promenade)와 생활공간 등
으로 활용되고 있다.그림 23

　　2008년 오슬로 남쪽 해안가에 오슬로 오페라하우스를 개관했다. 1,364
석의 대극장과 200석·400석 규모의 공연장을 갖췄다. 오페라하우스의 유
리 창문 밖으로 오슬로 피오르드와 오슬로 항구가 보인다. 빙하가 떠있
는 형태이다. 외벽은 흰색 화강암과 대리석으로 마감되었다. 계단 없이 걸

어서 올라간다.그림 24 도심지는 새롭게 고층화 재생되면서 도시 기능이 보다 강화되고 있다.그림 25

오슬로 교외에 비겔란 조각공원(Vigeland Sculpture Park)이 있다. 프로그너 공원(Frogner Park)이라고도 불린다. 조각공원은 1900년 비겔란이 작은 규모의 분수대 조각을 오슬로에 기증하면서 비롯되었다. 비겔란은 오슬로의 의뢰를 받아 1915년부터 1945년 동안 프로그너 공원에 세계 최대의 조각공원인 Glyptotel을 건설했다.그림 26 비겔란(Vigeland, 1869-1943)은 프랑스와 이탈리아에서 유학하면서, 로댕의 영향을 받아 「북구의 로댕」이

그림 23 **오슬로의 아케르 브뤼게**

그림 24 **오슬로 오페라 하우스**

란 명성을 얻었다. 그는 노벨평화상 메달을 디자인했다. 비겔란은 청동 부조 등의 표현으로 상징적 자연주의 대표자가 되었다.그림 27

그림 25 **오슬로 다운타운 도시재생**

그림 26 **오슬로의 비겔란 조각 공원**
Glyptotel

그림 27 **비겔란과 부모상 조각**

비겔란은 청동·화강암·주철을 사용해 조각상·군상들을 만들었다. 그는 사람의 일생과 희비를 천수(泉水)·거대한 기둥·다리 등으로 표현했다. 비겔란은 조각공원을 완성하지 못하고 죽었다. 그의 제자들이 유지를 이어 받아 조각 작품 212개가 전시된 공원이 조성되었다. 조각품 가운데『성난 아이 *Angry Boy*』가 감상 포인트다.그림 28 비겔란 조각품의 정수는 화강암 조각품『모놀리탄 *Monolittan*』이다. 높이 17.3m의 화강암 기둥에 남녀노소가 서로 정상을 향해 기어오르는 모습들이 부조(浮彫)되어 있는 탑이다. 조각 속에 있는 사람들은 121명으로 실제 사람의 크기라 한다.그림 29 공원 남쪽에 붉은 벽돌로 지은 비겔란 박물관이 있다.

그림 28 **비겔란의『성난 아이』**

그림 29 **비겔란의 『모놀리탄** *Monolittan***』**

오슬로 남서쪽 뷔그되이 반도(Bygdøy Peninsula)에 해양 박물관(1914), 프람 박물관(1936), 콘티키 박물관(1949) 등이 있다. 근처에 있는 노르웨이 민속 박물관은 1894년에 설립된 야외 박물관이다. 노르웨이 각지에 있던 목조 가옥과 실내가구·집기를 옮겨 놓았다. 이곳에 바이킹 박물관(1969)이 함께 있다.그림 30

그림 30 **오슬로의 뷔그되이 반도**

1936년에 프람호를 기념하는 프람박물관이 개관했다.그림 31 노르웨이는 극지탐험의 선봉에 선 국가다. 북극을 난센이, 남극을 아문센이 탐험했다. 난센(Nansen, 1861-1930)은 1893년 자신이 설계하고 건조한 탐험선 프람(Fram) 호에 탄 채 얼음 사이를 뚫고 북극해 횡단을 시도하였다. 프람 호는 길이 39m, 너비 11m의 범선이다. 프람 호로 북극점 도달이 불가능해지자 동료 요한센(Hjalmar Johansen)과 걸어서 1895년 4월 북위 86°14′지점

그림 31 **난센의 프람 호**

그림 32 **난센과 북극 탐험대**

에 도달했다.그림 32 난센은 오슬로 대학 동물학 교수였다. 그는 1922년 노벨 평화상을 받았다.

아문센(Amundsen, 1872-1928)은 1910년 난센에게 프람호를 넘겨 받았다. 그는 프람호를 타고 가서 1911년 세계 최초로 남극점에 도달하였다. 마지막 지점에서는 개 썰매와 순록가죽 방한복 등을 활용했다.그림 33

그림 33 **아문센과 남극기지**

　　1949년 콘티키 박물관이 개관했다. Kon-Tiki는 '태양신'을 뜻한다. 1957
년에 현재의 새 건물로 이전했다. 노르웨이 인류학자 토르 헤위에르달(Hey-
erdahl)은 동료 5명과 함께 1947년 4월부터 8월까지 뗏목 콘티키호를 타고 태
평양을 횡단했다. 뗏목은 잉카인들이 썼다는 발사(balsa) 나무였다. 헤위에르
달 팀은 페루를 출발해 해류와 바람을 의지해 8,000㎞의 태평양을 항해하
여 폴리네시아의 투아모투(Tuamotu) 제도에 도착했다. 「남태평양제도의 폴
리네시아인들이 남아메리카에서 건너왔다」는 학설을 실증하기 위해서였
다. 헤위에르달이 답사하고 연구해 저술한『콘티키호 탐험기 *Kon-Tiki Expedi-
tion*』(1948),『태평양의 아메리카 인디언 *American Indians in the Pacific*』(1952) 등의
저서와 고지도 등 8,000여 점의 자료들이 있다.그림 34

그림 34 **헤위에르달과 콘티키호**

1969년에 바이킹 박물관이 완성됐다. 3척의 바이킹 선박 Oseberg(오세베르그), Gokstad(고크스타드), Tune(투네)와 유품들이 있다. 오세베르그는 800년대에 여왕 전용선으로 이용되었던 배이다.그림 35 고크스타드는 900년대에 건조된 것으로 추정되며 전형적인 바이킹 형식의 선박이다. 말, 개, 보트, 침대 등이 함께 발견되었다. 투네는 선수 선미가 없는 길이 20m의 배로 9세기경 만든 것으로 추정됐다.

오슬로 인근에 릴레함메르(Lillehammer)가 있다. 2020년 기준으로 477km² 면적에 28,493명이 산다. 아름다운 산과 스키하기 적당한 기후조건으로 스

그림 35 **오세베르크**

키스포츠의 명소다. 1994년 제17회 동계 올림픽대회가 열렸다. 노르웨이는 1956년 제6회 오슬로 동계 올림픽대회를 가졌었다. Green and White를 주제로 한 환경 올림픽을 표방했다. 사시사철 스키 마니아들이 찾는 명소다.그림 36, 37

그림 36 **릴레함메르 스키장(겨울)**

그림 37 **릴레함메르 스키장(여름)**

그림 38 베르겐

03 제2도시 베르겐

Bergen(베르겐)은 노르웨이 제2의 도시다. 프뢰엔(Fløyen) 산 위에서 베르겐 전경이 보인다. 수도 오슬로에서 464km 떨어져 있다. 2019년 기준으로 464.71㎢ 면적에 283,929명이 산다.그림 38

베르겐은 1070년 올라프 3세(Olaf III)가 건설했다. 1070-1300년 사이에 노르웨이의 수도였다. 고위도나 멕시코 만류로 온화하여 겨울철에도 평균 기온이 영상이다. 베르겐은 피오르드(fjord) 답사의 길목에 있다.

1070년 부두에 목조건물 브뤼겐(Bryggen)을 건축했다. 1350년 베르겐에 한자동맹 지구가 조성됐다. 1360-1754년 사이 독일 사람들이 브뤼겐을 사용했다. 1702년 대화재가 났으나 그해 브뤼겐을 다시 지었다. 1979년 유네스코 세계문화유산으로 등록되었다. 한자동맹은 400년간 베르겐과 교류했다. 1702년에 건립된 한자 박물관은 베르겐 역사와 1350년 한자동맹 이후 발전상을 전시하고 있다.그림 39, 40

그림 39 **베르겐의 브뤼겐**

그림 40 **베르겐 항구**

　1180년에 세워진 성모 마리아 교회는 종교개혁 이후 루터 교회로 바뀌었다. 한자 동맹으로 번성했던 베르겐의 독일상인들이 교회 내부를 화려하게 치장해 독일교회라는 별칭을 얻었다. 바로크풍의 제단(祭壇)이 화려하다.

　베르겐은 작곡가 에드바르드 그리그의 출생지다. 베르겐의 명소 Troldhaugen(트롤하우겐)은 그리그의 집이고 박물관이다. 트롤하우겐은 '숲 속의 요정이 살고 있는 언덕'이란 뜻이다. 이곳에서 그리그는 1885-1907년까지 아내 Nina(니나)와 살다가 영면했다.그림 41, 42 그리그와 그의 아내와 합장한 묘가 바다가 보이는 절벽 중간에 있다. 그리그가 사용했던 피아노·악보 등이 있다. 1995년에 그리그 생가 별실로 그리그 박물관이 세워졌다. 세계적인 공연이 개최되곤 한다. 그리그는 1858년부터 4년간 라이프치히 음악원에서 수학했다. 이때 슈만과 멘델스존의 영향을 받았다. 1868년에『피아노협주곡』과 1876년에 입센 작품의 부대음악『페르귄트 *Peer Gynt*』를 작

그림 41 **베르겐의 그리그의 집 트롤하우겐**

곡했다. 『제3 바이올린소나타』(1885-1887) 『노르웨이의 농민무용』(1902) 등 노르웨이 정서를 담은 작품으로 노르웨이 음악의 대표적 존재가 되었다.

그림 42 **그리그와 아내 니나**

그림 43 **아이스달 빙하호수**

그림 44 **아이스달 빙하**

04 피오르드

노르웨이에서 바지 선으로 아이스달(Eidsdal)로 가면 빙하호에 흐르는 빙하를 직접 만져 볼 수가 있다. 빙하는 흙과 섞여 있는 경우가 많다.그림 43, 44

110,000년 전인 플라이스토세에 제4빙기(氷期)가 시작해 12,000년 전에 끝났다. 현재는 마지막 빙기인 제4빙기 이후의 간빙기(間氷期)다. 제4빙기에 해안에서 발달한 빙하가 깊은 빙식곡을 만들었다. 간빙기에 빙하가 녹은 다음 그곳에 바닷물이 들어왔다가 해면이 다시 높아져 형성된 것이 피오르드(fjord)다.

간빙기에는 빙하가 녹아 측방 침식을 하며 이동해 거대한 U자곡을 만든다. U자형의 양쪽 곡벽(谷壁)은 급한 절벽을 이룬다. 노르웨이 오다 계곡의 쇠르피오르드(Sørfjord)에서는 피오르드가 진행되고 있음을 확인할 수 있다. 노르웨이 육상에서는 뚜렷한 U자곡이 확인된다.그림 45 바다에서도 빙하가 훑고 지나간 흔적

그림 45 **노르웨이의 육지 U자곡**

그림 46 **게이랑에르피오르드의 빙하가 훑고 간 흔적**

그림 47 **게이랑에르피오르드의 수직 곡벽**

이 뚜렷하다.그림 46 빙하 후미의 안쪽은 수심이 깊다.그림 47 노르웨이 남서부 리세피오르드(Lysefjorden)는 직각절벽의 피오르드를 보여준다.그림 48 피오르드가 형성된 해안을 피오르드식 해안이라 한다. 피오르드는 협만(峽灣)이라고도 한다.

노르웨이 피오르드는 송네피오르드와 게이랑에르피오르드가 대표적이다.그림 49 송네피오르드(Song-nefjord)는 노르웨이에서 가장 큰 피오르드다. 송달 코뮌에 있다. 중심지역인 네뢰이 피오르드의 충적지와 단구(段丘) 양안에는 회양거, 송달, 래르달 등의 마을이 있다. 길이가 204km다. 평균 폭은 4.5km다. 하구부근 수심은 100m이고, 깊은 곳은 1,307m나 된다. 화강암 절벽 높이는 평균 1,000m 이상이다.그림 50, 51

그림 48 **노르웨이 리세피오르드**

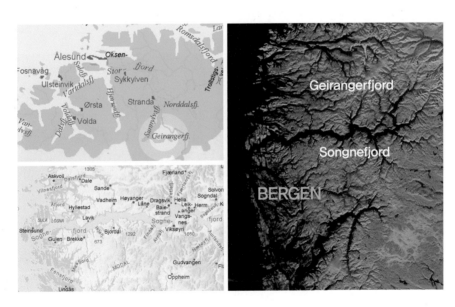

그림 49 **노르웨이 송네피오르드와 게이랑에르피오르드**

그림 50 **노르웨이 송네피오르드 중간 지점**

그림 51 **노르웨이 송네피오르드 후반 지점**

송네피오르드의 Aurland에 프람(Flam) 폭포가 있다. 폭포 근처 작은 발전소에서 전력을 생산해 철도를 운행한다. 베르겐-프람-뮈르달로 이어진다. 프람 폭포는 225m 아래로 떨어진다. 스칸디나비아 민속에서 나오는 매혹적인 숲의 생물 헐더(Hulder) 옷을 입은 여배우가 폭포 앞에서 춤추고 노래한다. 여배우는 노르웨이 발레 학교 학생들이다.그림 52

그림 52 **노르웨이 프람 폭포**

게이랑에르피오르드(Gei-rangerfjord)의 순뫼레 지역에 게이랑에르 마을이 있다. 게이랑에르피오르드는 거대한 U자형의 피오르드를 연출한다.그림 53, 54 게이랑에르 피오

그림 53 **노르웨이 게이랑에르 피오르드**

르드에서는 U자형 협곡 상단에서 떨어지는 두 개의 빙하폭포가 관찰된다. 구혼자(Suitor) 폭포와 7자매(Seven Sisters) 폭포다.그림 55, 56

그림 54 **노르웨이 게이랑에르피오르드의 7자매 폭포와 구혼자 폭포**

노르웨이는 험준한 산악지형이 대부분이고 평야가 거의 없다. 삶의 터전과 맞닿아 있는 바다에서 찾는 것이 순리였다. 바다는 춥고 험했다. 험한 환경을 이겨내고 바다와 함께 살기 위해선 억센 기질을 가져야 했다. 바이킹 활동은 노르웨이 사람들에겐 삶의 양식이 되었다. 노르웨이는 872년이 되어서야 비로소 나라를 건국했다. 건국 후에도 이웃한 노르딕 국가인 덴마크와 스웨덴의 간섭을 받은 기간이 길었다. 1905년에 이르러 현재의 노르웨이 왕국을 만들었다.

노르웨이에게 결정적인 국가도약의 기회를 준 것은 1969년의 북해유전 발견이다. 유전은 노르웨이의 경제적 안정을 가져다주었다. 2021년 노르웨이 1인당 GDP는 81,995달러다. 2018년의 노르웨이 GDP 가운데 석유가 차지하는 비중은 18%였고 수출의 62%가 석유였다. 노르웨이 노벨상 수상자는 13명이다. 노르웨이 사람들의 대다수가 영어로 대화가 가능하다.

나라의 경제력을 적극
활용하여 국민들의 삶의
질을 담보하는 사회보장
제도를 실시했다. 뭉크,
그리그, 입센, 비겔란 등
세계적 예술가를 배출했
다. 난센, 아문센 등의 극
지탐험가는 북극과 남극
을 차례로 탐험하여 극
지 탐험의 새로운 지평
을 넓혔다. 헤위에르달
은 태평양을 뗏목을 타
고 건널 수 있음을 입증
했다. 1300년 이후부터
노르웨이 수도인 오슬로
에는 노르웨이의 삶이 녹
아 있다. 베르겐은 그리
그의 고향이다. 피오르
드는 세계적인 빙하 해
양경관을 연출한다. 사
람들이 노르웨이를 방문
하는 이유다.

그림 55 **노르웨이 게이랑에르피오르드의 7자매 폭포**

그림 56 **노르웨이 게이랑에르피오르드의 구혼자 폭포**

LAPPI

OULU

VAASA

KUOPIO

POHJOIS-
KARJALA

KSKISUOMI

MIKKELI

TURKU
JA
PORI

HAME

KYMI

UUSIMAA

Helsinki

핀란드 공화국

자작나무와 사우나

그림 1 핀란드 지도와 로바니에미

01 핀란드 전개 과정

핀란드의 정식 명칭은 핀란드 공화국이다. 영어로 Republic of Finland 라 한다. 핀란드어로는 Suomen Tasavalta(수오멘 타사발타)다. Suomi(수오미)라 고도 한다. '호수와 늪의 땅'이라는 뜻이다. 스웨덴은 핀란드 남서부 해안지 대 투르쿠(Turku)를 정복했다. 스웨덴은 이곳을 '핀(Fin) 족의 땅'이라는 뜻 으로 Finland라 했다. 이 명칭은 핀란드 나라 전체를 의미하는 것으로 발전 하면서 국명이 되었다.그림 1 2020년 기준으로 338,455㎢ 면적에 5,536,146 명이 거주한다.

수도는 헬싱키다. 1918년에 확정한 핀란드 국기는 청십자기(旗)라 불린 다. 기본은 스칸디나비아 십자가 모양이다. 파란색은 핀란드의 하늘과 호수 를 흰색은 눈 덮인 땅을 뜻한다.

2017년 인구 중 91.3%가 핀란드인이고, 4.9%가 다른 유럽인이다. 2019 년 핀란드인 가운데 87.3%가 모국어인 핀란드어를 사용한다. 5.2%는 제2 언어인 스웨덴어를 쓴다. 핀란드 성인 중 60% 정도가 영어를, 40% 가량이 스웨덴어를, 15%가 독일어를 구사한다.

국토의 대부분은 평탄한 지형이다. 핀란드의 최고봉은 해발 1,328m인 북쪽 할티툰두리 산이다. 500㎢ 이상의 호수가 187,888개, 0.5㎢ 이상의 섬 이 75,818개가 있다. 사이마(Saimaa) 호 넓이는 4,400km²다. 핀란드에서 가 장 크다.그림 2

그림 2 **핀란드의 사이마호**

핀란드는 멕시코 난류의 영향을 받는 지역치고는 추운 편이다. 연중 내내 비가 오며, 여름이 선선한 냉대기후다. 핀란드 국토의 4분의 1은 북극권이다. 여름에는 백야 현상이 나타난다.

핀란드는 1세기경 우랄어를 쓰는 핀 족이 들어오면서 정착이 시작됐다. 핀 족은 중앙아시아로부터 서진(西進)하여 핀란드 남부에 정착한 것으로 추정된다. 1155년 스웨덴 왕 에리크 9세가 웁살라 헨리크 대주교와 십자군을 일으켜 핀란드를 정복했다. 1229년 이후 투르쿠가 개발되어 수도 역할을 했다. 공식적으로는 핀란드자치령이 된 1809년에 투르크가 핀란드의 수도가 되었다. 헨리크 대주교는 핀란드에 기독교를 전파했다. 구스타브 1세 바사가 1523년 스웨덴 왕국을 세울 때 핀란드 땅을 스웨덴에 포함시켜 건국했다.그림 3

1527년 스웨덴이 루터교로 개종하는 종교개혁을 단행할 때 핀란드도 함께 개종되었다. 루터교는 1593년에 이르러 핀란드에서 공식화됐다. Mikael Agricola(미카엘 아그리콜라, 1510-1557)는 핀란드 종교개혁에 공헌했다. 아그리콜라는 독일 비텐베르크에서 마르틴 루터에게 배웠다. 1548년 많은 삽화가 포함된 718쪽의 성경을 핀란드어로 번역했다. 그는 '핀란드 문어(文語)의 아버지'라고 평가되었다. 1935년에 그의 업적을 기려 헬싱키에 미카엘 아그리콜라 교회가 건립됐다.

1560

투르쿠

그림 3 **구스타프 1세 바사의 스웨덴 왕국과 영토**

1700-1721년 기간에 스웨덴 왕 칼 12세가 러시아와의 북방전쟁을 일으켰다. 핀란드는 러시아에게 큰 타격을 입었다. 나폴레옹 전쟁 때인 1808-1809년 동안 스웨덴 왕국과 러시아 제국 사이에 핀란드 전쟁(Finnish War)이 벌어졌다. 전쟁 결과 러시아 제국은 스웨덴 동부 3분의 1을 차지했다. 1809년 3월 29일 러시아는 이곳에 핀란드 대공국 자치령(Grand Duchy of Finland, 1809-1917)을 세워 통치했다. 핀란드가 러시아 제후국이 된 것이다. 자치령은 1917년까지 유지됐다. 1863년 원로원 광장에 알렉산더 2세 동상이 세워졌다.그림 4

핀란드는 1155-1809년의 6백 여년간 스웨덴의 땅이었다. 핀란드는 1809-1917년의 1백 여년간 러시아 자치령으로 지냈다. 곧 핀란드는 핀란드의 정체성을 찾기 위해 1155년 스웨덴에 의해 정복된 후 1917년 러시아로부터 독립할 때까지 7백여 년의 세월이 걸린 셈이다. 이 기간 중 핀란드인은 핀란드어를 쓰며 루터교를 굳게 믿고 살았다. 1900년에 핀란드 루터교인은 98.1%였다.

그림 4 **핀란드 대공국과 알렉산더 2세 동상**

1917년 핀란드는 독일의 제후국으로 출발했다. 독일제국 공국인 헤센-카셀 가(家)의 제후국의 형식을 택한 것이다. 이런 가운데 핀란드는 「핀란드인의 핀란드」라는 지속적인 민족 자각 운동을 펼쳤다. 1917년 러시아혁명은 핀란드에게 독립의 계기를 만들어 주었다. 1917년 12월 6일 핀란드는 의회 결의로 독립을 선언했다. 독립은 1918년 1월 3일에 공식 승인됐다.그림 5 그러나 1918년 1월 핀란드 내전(Finland Civil War)이 터졌다. 독일제국이 지원하는 핀란드 정부군과 소련이 지원하는 핀란드 공산군 사이에 전쟁이 벌어졌다. 결과는 1918년 5

그림 5 **핀란드 독립선언**

월에 이르러 정부군의 승리로 끝났다. 내전 기간 중 정부군은 백색테러를 감행해 1월부터 5월 사이에 5만 명 이상의 공산군과 혁명 지지 노동자들을 학살했다. 이 학살은 핀란드가 중도정책을 택하는 계기를 만들었다.1918년 11월 독일제국이 항복하면서 제1차 세계 대전이 끝났다. 독일제국 편에 섰던 핀란드는 제후국에서 공화국으로 독립했다. 1919년 7월 17일 핀란드는 의회 선거를 실시하고 헌법을 제정했다.그림 6 1939-1944년 두 차례에 걸쳐 러시아와 싸웠으나 모두 패했다. 핀란드는 영토의 일부를 러시아에 할양했고, 많은 액수의 배상금을 지불해야만 했다.

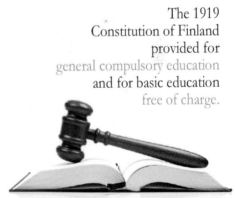

그림 6 **핀란드 내전과 핀란드 헌법**

그림 7 **핀란드 파시키비와 케코넨 대통령**

1948년 소련의 제의로 「핀란드·소비에트 조약」을 체결했다. 이 조약에 따라 핀란드는 중립 외교정책을 채택해 양국의 기본관계가 정립되었다. 「파시키비케코넨 라인」이라 칭하는 핀란드의 군사 비동맹 중립외교정책이 수립됐다. 1946-1956년 기간 중 대통령이었던 파시키비(Paasikivi)와 1956-1982년 사이에 재임한 대통령 케코넨(Kekkonen)이 수립한 정책이다.그림 7 이 정책은 소련과 좋은 관계로 지내면서 동·서 양 진영과 교류한다는 정책이다. 핀란드는 1955년 유엔에 가입하였고, 소련 붕괴 후 서방 진영에 접근했다. 2000년에 유로화(貨)를 도입했다.

11-12세기 동안 스웨덴으로부터 핀란드에 가톨릭이 들어왔다. 그러나 1544년 스웨덴이 루터교를 국교로 선포한 이후 핀란드도 루터교를 국교로 받아들였다. 1595년에는 가톨릭 신앙이 법적으로 금지되었다. 1781년에 이르러 가톨릭이 법적으로 용인되었으나 선교활동은 금지되었다. 핀란드에서는 출생과 함께 루터교인으로 인정되었다. 루터교 다음으로는 핀란드 정교회가 많다. 핀란드 정교회는 19세기 러시아 제국 통치 시기에 들어왔다. 2019년 기준으로 핀란드인의 71.5%가 기독교인이다. 이

가운데 루터교인은 68.7%, 정교
회 교인은 1.1%, 기타 기독교인
이 1.7%다.

1809년에 세워진 핀란드 복음
주의 루터교는 1527년 종교개혁
으로 탄생한 루터교 종파다. 루터
교회인 헬싱키 대성당(Helsinki Ca-
thedral)은 1830-1852년 기간에 세
워졌다. 1917년까지 성 니콜라스
교회로 불렸다. 1917년 핀란드 독
립후 헬싱키 대성당으로 명칭이
바뀌었다. 신고전주의 건축 양식
이다.그림 8, 9

템펠리아우키오(Temppeliaukio)
교회는 1969년에 암석 내부를 깎
아 만든 루터교회다. 바위(Rock)
교회라고도 불린다.그림 10, 11 2012
년에는 깜삐 예배당(Kamppi Chap-
el)이 들어섰다. 예배당은 모두 나
무로 만들어졌고, 바깥의 소음이
차단되어 고요하다.「침묵의 교
회」라는 별명이 있다. 내부구조
가 매우 단순하다. 누구나 들어

그림 8 **헬싱키 대성당**

그림 9 **헬싱키 대성당과 원로원 광장**

와서 기도할 수 있다._{그림 12} 우스펜스키 대성당(Uspenski Cathedral)은 1868년에 완성됐다. 핀란드 정교회 주교좌성당이다. 수호성인은 성모 마리아다. 우스 펜스키 대성당의 이름은 우스페니에(uspenie)라는 단어에서 유래했다. 우스 페니에는 고대 슬라브어로 '성모 인식'을 뜻한다._{그림 13}

그림 10 **헬싱키의 바위교회 천장**

그림 11 **헬싱키의 바위교회 내부**

그림 12 헬싱키의 「침묵의 교회」

그림 13 헬싱키의 우스펜스키 성당

그림 14 **핀란드 StoraEnso 제지공장과 임산 자원**

핀란드는 임업(forest) 국가다. 임업 산업은 화학적 산업인 종이·펄프 생산과 기계적 산업인 목재 생산으로 나뉜다. 펄프 생산은 StoraEnso 회사 등에서 생산한다. 2014년 기준으로 핀란드 임업 근로자 수는 전 산업체 근로자수의 15%였다. 임업은 산업 생산의 18%를 차지하며 수출액의 20%를 점유한다. 핀란드 산림은 전국 토지면적의 75%를 차지한다. 핀란드는 1인당 숲의 면적이 여타 유럽국가보다 평균적으로 16배 이상이다.그림 14

핀란드는 침엽수의 대국이다. 침엽수 가운데 자작나무가 핀란드의 대표나무이다. 자작나무(Betula pendula, birch)는 붓 나무라고도 한다. 20m쯤 자라는 큰키나무다. 나무의 껍질은 백색이고 얇게 가로로 벗겨진다. 암수 한그루다. 꽃은 봄에 피고, 열매는 9~10월에 열린다. 자작나무는 공원수·가로

수·조림수로 쓰인다.그림 15

자작나무에는 다당(多糖)체인 자일란이 함유되어 있다. 자작나무 속의 자일란을 분해함으로써 자일로스가 얻어진다. 자일로스를 뽑아 정제한 것이 자일리톨(xylitol)이다. 그리하여 자일리톨을 자작나무 설탕이라 부른다. 핀란드는 제2차 세계대전 중 자일리톨을 설탕 대체 물질로 활용했다. 1975년 핀란드 투르크대 마키넨(Mäkinen) 교수는 자일리톨이 설탕과 유사하며 충치 예방효과가 있다고 했다. 껌을 씹으면 타액이 증가하여 충치 예방에 효과적이라는 설명이다.그림 16

그림 15 **핀란드의 자작나무 숲**

그림 16 **자일리톨**

2017년 기준으로 핀란드 GDP의 69.1%가 서비스업이고, 28.2%가 산업이며, 2.7%가 농업이다. 산업분야의 핵심은 제조업으로 전자, 기계·금속, 임업, 화학 등이 중심이다. 핀란드의 에너지는 원자력, 수입 전력, 수력, 석탄·천연가스 등에서 나온다.

그림 17 **노키아와 Gowy가 그린 「이카루스의 날개」**

핀란드의 노키아(NOKIA)는 1865년에 종이를 만드는 제지회사로 출발했다. 그 후 업종을 다양화해 1998년에 휴대전화 분야에서 세계시장 점유율 1위를 차지했다. 그러나 이동통신이 휴대전화에서 스마트폰으로 변화하는 시대의 흐름에 둔감했다. 노키아는 삼성전자, 애플, LG전자에 추격당했다. 뜨거운 줄 모르고 태양에 가까이 가 낙마했던 『이카루스의 날개 *Icarus Wings*』에 비유됐다. 노키아의 휴대전화 부문은 2013년 미국 마이크로소프트에 넘겨졌다.그림 17

핀란드는 소프트웨어 부문에서 경쟁력 있는 제품을 내놓았다. 1991년 핀란드 헬싱키 공대생이 LINUX 컴퓨터 운영시스템을 개발했다. 2009년 핀란드가 출시한 게임 Angry Birds는 테마공원까지 만들었다.그림 18 Clash of

Clans, World of Warcraft 등의 게임도 만들었다. 1910년에 창립한 승강기 KONE, 1931년에 설립한 트럭 자동차 Sisu Auto, 1936년에 창업한 등산용 전문 시계 SUUNTO 등이 핀란드 기업이다.그림 19 2021년 핀란드의 1인당 GDP는 54,330달러다. 핀란드 노벨상 수상자는 5명이다.

그림 18 **핀란드 Angry Birds Land**

그림 19 **핀란드의 SISU 트럭, SUUNTO 시계, KONE 엘리베이터**

그림 20 **시벨리우스와 시벨리우스 얼굴 상(像)**

　시벨리우스(Sibelius)는 핀란드에서 태어난 작곡가다. 처음에는 법학을 공부했으나 곧 음악으로 바꿨다. 1885-1889년 기간 동안 헬싱키 음악원에서 수학한 후, 1889-1891년 사이에 베를린과 빈에서 연구를 계속했다. 슈트라우스, 베토벤, 바그너, 부르크너 등에 대해 다양한 경험과 소양을 쌓았다. 그는 1892년 이후 헬싱키 음악원 교수로 활동했다. 1899년 교향시『핀란디아 *Finlandia*』를 발표해 국민 작곡가가 되었다. 1967년 헬싱키에 시벨리우스 기념비가 세워졌다. 수십 개의 파이프로 이루어진 기념비는 음악적 분위기가 연출된다. 시벨리우스의 얼굴상(像) 조각이 있다. 기념비 옆에서 음악 연주회가 열리곤 한다.그림 20, 21

그림 21 **헬싱키의 시벨리우스 기념공원**

그림 22 **핀란드의 사우나와 찬물 수영**

　핀란드는 사우나의 원산지다. 핀란드 사우나는 약 2,000년 전 북쪽 노브고로드(Novgorod)에서 시작된 것으로 추정된다. 모래 둑을 파서 지하 사우나를 판 흔적이 발견됐다. 오늘날 나무로 새로 개발된 사우나가 활용된다. '사우나'라는 말은 핀란드 고어(古語) savuna에서 유래했다고 한다. '연기 속에서'라는 뜻이다. 핀란드에는 약 170만 개의 사우나가 있다. 핀란드 사우나는 난로를 뜨겁게 달구어 물을 부어 덥히는 습식 사우나다. 통 방식의 훈제 사우나, 장작난로 사우나, 전기난로 사우나 등이 있다. 핀란드 사람들은 사우나 후 찬물에서 몸을 식힌다.그림 22 사우나의 밤(Saunailta)이라는 공동 사우나 행사를 통해 파티가 진행되는 경우가 있다. 핀란드에서는 통나무 오두막집에서 휴식을 취하거나 일광욕을 즐기기도 한다.그림 23

그림 23 **핀란드의 오두막집 휴식과 일광욕**

핀란드는 학생 하나하나를 잘 키운다는 교육 목표를 지향한다. 핀란드식 교육 방법은 경쟁에 의한 「상대평가」보다 달성도에 의해 가늠되는 「절대평가」를 선호한다. 공교육이 활성화되어 있다.그림 24 핀란드는 의료혜택·실업수당·평생 무상교육·노후연금 등이 갖춰진 사회보장국가다. 핀란드인은 다른 사람에게 자기 속내를 보이지 않는 과묵한 성격이다. 핀란드 사

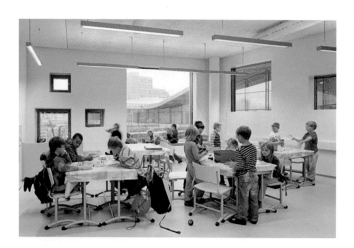

람들은 헤비메탈 음악을 선호한다. 데스 메탈, 블랙 메탈, 포크 메탈, 교향악 메탈 등으로 다양하다. 1993-2019년에 활동한 Children of Bodom을 비롯해, Nightwish, Lordi, HIM 등의 헤비메탈 그룹이 있다.그림 25

그림 24 **핀란드식 교육 환경**

그림 25 **핀란드의 헤비메탈 그룹**

핀란드 북쪽 라플란드 지역 로바니에미(Rovaniemi)에 1985년 산타클로스 마을(Santa Claus Village)을 열었다. 이곳에서는 진짜 산타클로스가 활동한다. 산타클로스는 로바니에미 주민들 중에서 선출된다. 로바니에미에서는 산타클로스와 어린이들이 루돌프 사슴이 끄는 썰매를 타고 즐긴다.그림 26

그림 26 **핀란드 로바니에미 산타클로스 마을과 루돌프 사슴**

그림 27 **헬싱키**

02 수도 헬싱키

헬싱키(Helsingfors, Helsinki)는 핀란드의 수도다. 핀란드 남부 핀란드 만 연안에 있다. 2021년 기준으로 715.48㎢ 면적에 656,250명이 산다. 헬싱키는 에스포, 반타, 카우니아이넨 등과 헬싱키 대도시권을 형성한다. 헬싱키 대도시권 인구는 1,526,694명이다.그림 27 1812년에 조성된 헬싱키 원로원 광장은 많은 행사가 진행된다. 주변에 헬싱키大(1828) 헬싱키 성당(1852) 정부 청사(1822) 등이 있다. 남항(南港)(2011)이 내려다보인다. 헬싱키 항구에서는 탈린,

스톡홀름, 상트 페테르부르크 등지(等地)와의 정기 여객선이 운항된다. 헬싱키 항구에서 떠나 대형선박이 닿는 세계 여러 곳으로 크루즈 선박이 운항된다. 2019년에 12,200,000명이 헬싱키 항구를 이용했다.그림 28, 29

그림 28 **헬싱키 원로원 광장과 주변지역**

그림 29 **헬싱키 항구**

1550년에 헬싱키가 건설됐다. 스웨덴의 구스타브 1세 바사가 맞은편의 한자 동맹 도시 탈린(Tallinn)을 견제하기 위해서였다. 에스토니아 수도 탈린에서 헬싱키까지는 배로 2시간 반이 걸린다. 헬싱키는 초기에 가난·질병·전쟁으로 어려움을 겪는 소규모의 해안 도시였다. 1809년 스웨덴이 핀란드 전쟁에서 러시아에 패했다. 그 후 핀란드가 러시아령 자치 대공국이 되면서 헬싱키가 본격적으로 발전했다. 1812년 러시아의 알렉산더 1세는 핀란드의 수도를 투르쿠에서 헬싱키로 옮겼다. 스웨덴의 영향을 줄이려는 목적이었다.그림 30

그림 30 **러시아 알렉산더 1세와 핀란드의 투르쿠**

그림 31 **왕립 오보 아카데미와 헬싱키 대학교**

스웨덴의 크리스티나(Kristina) 여왕은 1640년 핀란드 수도였던 투르쿠에 왕립 오보 아카데미(Åbo Kungliga Akademien, Royal Academy of Turku)를 세웠다. 왕립 오보 아카데미는 1828년에 헬싱키로 이전되었다. 이전 후 제국 알렉산더 대학교로 명칭이 바뀌었다. 1917년 핀란드가 독립국가로 건국되면서 1917년에 헬싱키 대학교(University of Helsinki)로 변경되었다.그림 31

핀란드의 수도가 된 후 헬싱키는 성장과 개발을 거듭했다. 1952년에는 하계 올림픽을 개최했다.그림 32 20세기에 이르러 독립국의 수도다운 하부구조를 갖추었다. 헬싱키의 변

그림 32 **헬싱키 올림픽 스타디움**

그림 33 **헬싱키 중심 쇼핑 거리**
Aleksanterinkatu

화는 활기찬 도심의 거리에서 확인된다.그림 33 철도가 건설되고 산업화가 이루어져 헬싱키는 크게 발전했다. 오늘날 철도를 활용하여 탄소연료를 줄이는 스마트 도시를 추구하고 있다. 1970년대에 헬싱키와 인근 지역의 인구가 크게 증가했다. 2005년에는 국제기능올림픽대회를 개최했다.

헬싱키의 수오멘린나(Suomenlinna) 요새는 쿠스탄미에카 섬 등 6개의 섬에 지어진 요새다. 1748년 스웨덴이 러시아 제국의 팽창에 맞서기 위해 만든 요새다. 처음 지었을 때는 핀란드어로 'Viapori'라고 했다. 1917년 핀란드 독립 이후 수오멘린나로 바꿨다. '핀란드의 요새'라는 뜻이다. 유네스코 세계문화유산으로 지정됐다.그림 34

핀란드 국립 미술관은 1887년에 설립한 아테네움 미술 박물관, 1990년에 시작한 키아즈마 현대 미술 박물관, 1921년에 시작한 시네브리코프 미술관으로 구성되어 있다. 디자인 박물관은 1894년에 개관했다. 국립박물관은 1916년에 개장했다.

그림 34 핀란드 수오멘리나 요새

그림 35 발그랭의 『*Havis Amanda*』와 헬싱키 마켓 광장

헬싱키의 중심부에 마켓 광장(Market Square)이 있다. 마켓 광장에서 수오멘린나까지 페리가 운행된다. 이곳은 해산물과 기념품이 판매되는 헬싱키 시민들의 모임장소다. 마켓 광장에 194cm 높이의 누드여성 동상 『*Havis Amanda*』가 있다. 발그랭(Ville Vallgren, 1855-1940)이 19세 파리 여성 델키니(Marcelle Delquini)를 모델로 『*Havis Armanda*』를 조각했다. 1908년 마켓 광장에 세워졌다. 그녀는 물에서 떠오르는 해초에 서있는 인어다. 헬싱키의 재탄생을 상징하는 것이었다.그림 35 1991년부터 6월 초·중순에 헬싱키 삼바 카니발(Helsinki Samba Carnaval)이 열려 시민과 함께 즐긴다. 시민들이 헬싱키 대성당 앞 원로원 광장을 좋아해 여러 행사를 펼치고 있다.그림 36

1964년 헬싱키에서 열린 세계의사협회 제18차 총회에서 의료윤리 선언인 「헬싱키 선언」을 채택했다. 나치즘의 인체실험에 대한 반성에서 생긴 1947년의 뉘른베르크 강령의 정신을 발전시킨 내용이다. 인체실험에 대한 의학 연구자의 윤리 규범이다. 정식명칭은 「사람을 대상으로 한 의학 연구에 대한 윤리적 원칙」이다. 1964-2013년 사이에 세계의사협회를 10회 열어 규정을 7차례 개정했다.

핀란드는 오랜 기간에 걸쳐 스웨덴과 러시아의 간섭을 받아 왔다. 1917년에 이르러 핀란드는 독립국가가 되었다. 노르딕 국가들이 왕국인 점과는 달리 공화국을 택했다.

2019년 기준으로 핀란드인 가운데 87.3%가 모국어인 핀란드어를 사용한다. 핀란드 성인들은 영어, 스웨덴어, 독일어를 구사하는 사람이 많다. 핀란

그림 36 **헬싱키 원로원 광장의** Helsinki pride parade

드 산업분야의 핵심은 제조업으로 전자, 기계·금속, 임업, 화학 등이다. 휴대전화 노키아가 한때 세계를 석권했다. 게임 등 소프트웨어 산업과 고부가가치 제조업 분야가 핀란드를 지탱한다. 임업은 수출액의 20%를 점유한다. 자작나무를 바탕으로 설탕대체물질인 자일리톨을 개발했다. 핀란드 교육의 목표는 학생 하나하나를 중시하는 것이다. 유능하게 키워진 인재는 IT 등의 제조업에서 빛을 발했다. 2021년 핀란드의 1인당 GDP는 54,330달러다. 핀란드 노벨상 수상자는 5명이다. 2019년 기준으로 핀란드인의 71.5%가 기독교인이다. 이 가운데 루터교인은 68.7%다. 추운 기후를 핀란드식 사우나로 극복한다. 헤비메탈 사운드는 핀란드 사람들이 애호하는 음악이다.

핀란드의 사실상의 수도는 1229년부터 투르쿠였다. 그러나 1812년 헬싱키로 수도를 옮겼다. 헬싱키는 핀란드의 거의 모든 생활양식이 녹아 있는 핀란드의 중심지역이다.

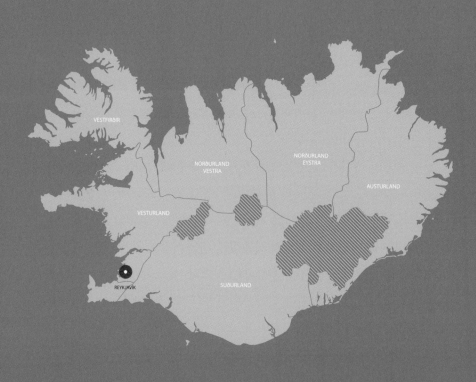

VESTFIRÐIR

NORÐURLAND
VESTRA

NORÐURLAND
EYSTRA

AUSTURLAND

VESTURLAND

SUÐURLAND

REYKJAVÍK

아이슬란드 공화국

얼음과 화산

그림 1 **아이슬란드와 북극권**

01 아이슬란드 전개 과정

아이슬란드는 아이슬란드 공화국의 약자다. 영어로 Republic of Iceland 라 한다. 아이슬란드어로 Lýðveldið Ísland(리드벨디드 이슬란트)라 한다. 이슬란트는 '얼음 땅'이란 뜻이다. 영어로 Iceland로 번역되었다. 중국어로는 빙다오(冰島)라 한다. 얼음 땅 이슬란트 명칭은 섬을 처음 탐험할 때 빙하로 덮인 동부 내륙지역을 얼음 땅이라 명명한 데서 유래됐다. 아이슬란드에서 덴마크까지는 1,808km다. 수도 레이캬비크는 북위 64°8'00"에 위치해 있다.그림1

2020년 기준으로 국토면적 102,775㎢에 364,134명이 산다. 아이슬란드가 공화국이 된 1944년부터 오늘날의 국기를 사용했다. 국기에 스칸디나비아 십자가가 그려져 있다. 십자 문양은 기독교를 상징한다. 붉은 십자가가 하얀 십자가 안에 하나 더 있다. 붉은색은 화산과 불을, 흰색은 얼음과 눈을, 청색은 바다를 뜻한다.그림 2 인종 구성은 아이슬란드인이 94%

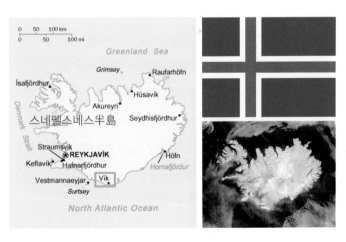

그림 2 **아이슬란드 지도, 국기, 위성사진**

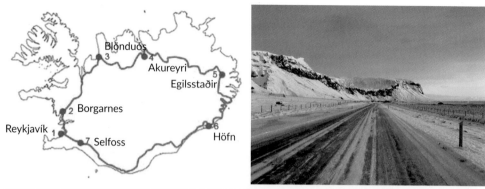

그림 3 **아이슬란드 순환 국도와 7개 도시**

이며 나머지는 외국인이다. 아이슬란드 사람들은 자국어인 아이슬란드어를 쓴다. 초등학교 저학년부터 대부분의 학생들이 영어와 덴마크어를 배운다.

아이슬란드 외곽을 순환하는 1번 국도가 건설되어 있다. 1번 국도는 Route 1 또는 Ring Road라 한다. 수도 레이캬비크와 제2도시 아퀴레이리 등 7개 도시를 지나간다.그림 3 2019년 시점에서 아퀴레이리에는 138㎢ 면적에 18,191명이 산다.그림 4

레이캬비크에서 남쪽 고지대로 돌아가는 약 238km 길이의 Golden Circle(골든 서클) 도로가 있다. 골든 서클을 일주하는데 3시간 반이 소요된다.

그림 5 골든 서클에는 팅크베틀리르(Thingvellir) 국립공원,그림 6 브르아르포스(Brúarfoss) 폭포, 스트로퀴르(Strokkur) 간헐천,그림 7 굴포스(Gullfoss) 폭포 등이 있다. 남서쪽 Haukadalur 계곡에 대(大) 게이시르(Great Geysir) 간헐천이 있다. 간헐천을 의미하는 영어단어 geyser는 아이슬란드어다.그림 7

그림 4 **아이슬란드의 제2도시 아쿠레이리**

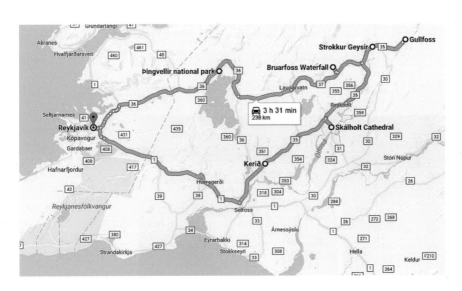

그림 5 **아이슬란드의 Golden Circle**

그림 6 **아이슬란드의 팅크베틀리르 국립공원**

빙하는 지구 육지 표면 면적의 약 10%를 차지한다. 세계 50개 국가에 빙하가 있다. 아이슬란드의 빙하와 만년설은 전국토 면적의 11%다. 빙하 얼음은 지구상에서 가장 큰 담수 저수지라 할 수 있다. 바다가 파랗게 보이는 것처럼 빙하도 파랗게 보인다. 물 분자가 파란색을 흡수하지 못하고 푸른 빛을 산란(散亂)하기 때문이다. 독일의 지리학자 팽크는 유럽의 빙하기를 귄츠(Günz), 민델(Mindel), 리쓰(Riss), 뷔름(Würm) 등 4빙기로 나눈 바 있다. 현재는 마지막 빙하기 이후의 간빙기다. 일정 기간 후 또 다른 빙하기가 올 것이라는 예측이 있다.

그림 7 **아이슬란드의 스트로퀴르 간헐천과 Great Geysir 간헐천**

아이슬란드 동남부 지방에 전국 면적의 8%나 되는 바트나요쿨(Vatnajökull) 빙하가 있다. 세계 전체의 빙하를 면적 크기로 보면 남극, 그린란드, 바트나요쿨 빙하 순이다. 바트나요쿨은 '호수 빙하(Glacier of Lakes)'란 뜻이다. 영어로 Vatna Glacier로 번역된다. 바트나요쿨에는 배를 타고 직접 관찰할 수 있는 빙하호 요쿨살론(Jökulsárlón)이 있다.그림 8, 9

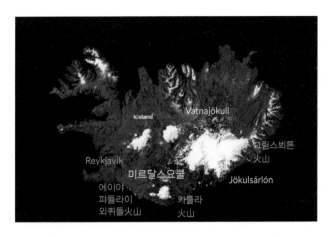

그림 8 **아이슬란드의 바트나요쿨**(Vatnajökull) **빙하**

아이슬란드는 중앙 대서양 해령(Mid Atlantic Ridge) 위에 위치해 있다. 화산 활동이 매우 활발하다. 북아메리카 판과 유라시아 판 두 개의 판이 각각 있으나 함께 붙어있는 부분이 1년에 2cm씩 갈라진다. 갈라진 틈 사이로

그림 9 **아이슬란드의 요쿨살론**(Jökulsárlón)

맨틀(Mantle)이 터져 나와 화산이 분출한다. 1943년에 문을 연 케플라비크 공항 근처에 「행운의 레이프 다리」가 있다. 영어로 Leif the Lucky Bridge

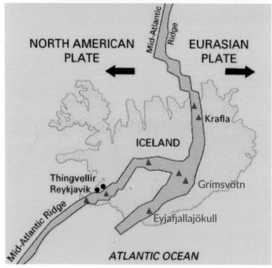

라 한다. 다리 이름의 첫 부분은 아이슬란드 탐험가 Leif Eriksson의 이름에서 따왔다. Mid Atlantic Ridge로 표기하는 대서양 중앙 해령은 북아메리카판과 유라시아 판이 갈라지면서 아이슬란드 국토 한가운데를 지나간다. 대서양 중앙 해령 위로 「행운의 레이프 다리」가 세워졌다. 다리 밑 도로로 아이슬란드의 자연을 즐기려는 사람들이 걸어 다닐 수 있다.그림 10

화산 분출은 마그마가 도관을 타고 올라와 밖으로 터지는 현상이다. 산 정상이 아닌 산기슭에서 분출하는 기생화산 등의 다양한 분화 양상이 있다.

그림 10 **아이슬란드의 대서양 중앙 해령**

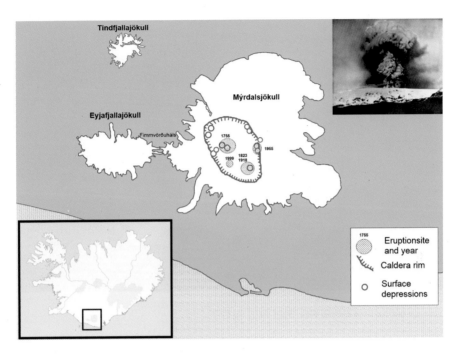

그림 11 **아이슬란드의 카틀라 화산과 칼데라**

　1918년 아이슬란드에서 카틀라 화산이 미르달스요쿨을 뚫고 분출했다. 화산은 1755-1999년 사이의 2백여 년간에 걸쳐 여러 차례 폭발해 거대한 칼데라를 만들었다.그림 11 최근인 2010년 3월 23일에서 6월 23일까지 에이야파들라이외퀴들(Eyjafjallajökull) 화산이 폭발했다.그림 12 유럽 전역에 화산재를 뿌려 유럽 항공 운항이 모두 중단되었다. 화산 용암은 최대 25km까지 날라가 용암 밭(Lava field)을 만들었다.그림 13 1996년 아이슬란드 최대 빙하인 바트나요쿨 빙하 아래에서 그림스뵈튼 화산(Grímsvötn Volcano)이 분화했다. 화산 분화로 빙하가 녹아 대홍수가 발생했다. 이 화산은 2004년과 2011년에도 분화했다.그림 14

그림 12 **에이야퍄들라이외퀴들 화산 폭발 분화구**

빙하와 화산으로 이루어진 아이슬란드의 특이한 지형은 SF 영화에서 주목받고 있다. 영화『프로메테우스』,『스타워즈』,『노아』,『인터스텔라』, 『월터의 상상은 현실이 되다』등의 촬영장소로 활용되었다.『프로메테우스』촬영지인 바트나요쿨 국립공원의 데티포스(Dettifoss) 폭포는 유럽에서 가장 큰 폭포다.그림 15『스타워즈』촬영지인 비크의 바다 경관은 외계 지역을 연상시킨다.그림 16

아이슬란드는 원래 무인도였다. 874년 노르웨이 송네 피오르드 사람 잉골프 아르나르손(Ingolfur Arnarson)이 레이캬비크 남쪽에 처음으로 정착했다.그림 17 930년 아이슬란드 자유국이 형성되고 의회가 생겼다. 의회 알팅그는 레이캬비크 동쪽에서 45km 떨어진 팅크베틀리르에 입지했다.그림 18 1881년 팅크베틀리르에서 돌을 캐서 레이캬비크에 새 의회 건물을 지어 옮겼다.

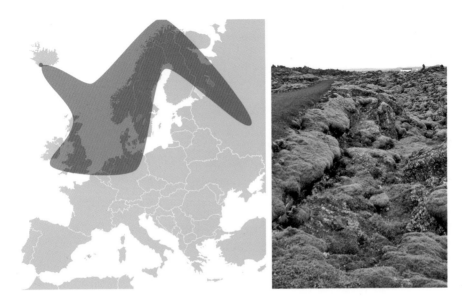

그림 13 에이야퍄들라이외퀴들 화산재 범역과 용암 밭

그림 14 그림스뵈튼 화산 분화와 바트나요쿨 빙하

그림 15 **아이슬란드의 데티포스 폭포**

그림 16 **아이슬란드의 비크(Vik) 바다 경관**

그림 17 **아이슬란드인 잉골프 아르나르손과 동상**

아이슬란드는 1262년에 노르웨이 영토가 되었다. 노르웨이는 형식적으로 1814년까지 아이슬란드를 지배했다. 그러나 실제로 1380년 이후부터 아이슬란드는 덴마크에 귀속되었다. 1814년 킬 조약으로 아이슬란드는 공식적으로 덴마크 영토로 바뀌었고, 1904년에 자치가 인정되었다. 1914년 덴마크 국왕과의 동군연합으로 독립하여 아이슬란드 왕국(Kingdom of Iceland)이 설립되었다. 아이슬란드는 1380년부터 1914년까지 5백여 년간의 덴마크 관리로부터 벗어나게 된 것이다. 제2차 세계대전 때인 1940년 나치가 덴마크를 점령해 동군연합은 해체되었다. 같은 해

그림 18 **팅크베틀리르의 아이슬란드 의회 건물 알팅그(930)**

그림 19 **아이슬란드의 호프스키르캬 교회**

영국은 독일의 북대서양 진출을 차단하고 미국과의 안정적인 통로 확보를 위해 중립국인 아이슬란드를 침공해 점령했다. 1944년에 아이슬란드 공화국으로 독립했다. 아이슬란드는 EFTA(유럽자유무역연합) 회원국이나 EU 가입국은 아니다. 그러나 솅겐 조약 협약국으로 EU 회원국과의 이동은 원활하다.

아이슬란드는 11세기 중반 이후 가톨릭이 들어왔다. 그러나 덴마크의 통치를 받던 아이슬란드는 1550년 크리스티안 3세 때 루터교(Evangelical Lutheran Church of Iceland)를 공식 국교로 채택했다. 1990년 아이슬란드의 기독교인 비율은 루터교·가톨릭교·기타 기독교 등을 합치면 97.8%였다. 2020년에는 75.1%로 집계됐다. 호프스키르캬(Hofskirkja) 교회는 동부 아이슬란드의 외래피 지방에 세워진 잔디지붕교회다. 이 교회에 관한 기록은 1343년에 처음 나왔다. 현재의 교회는 1883-1885년 동안에 개축되었다.그림 19 가톨릭은 루터교회가 공식 국교가 된 이후 붕괴했으며 법적으로도 금지되었다. 그러나 1857년 신앙의 자유가 허용되어 가톨릭교를 믿을 수 있게 되었다.

아이슬란드의 주요 산업은 관광업·어업·알루미늄 제련·지열발전·서비스업 등이다. 관광업 비중이 GDP의 10% 이상이다. 아이슬란드는 계절별 그리고 자연현상별로 경관 요소들이 서로 어우러져 볼거리를 제공한다. 레이캬비크 북쪽에 위치한 스네펠스네스반도의 교회산과 교회산 폭포(Kirkjufell mountain and waterfall)에서 볼 수 있는 오로라 경관은 장관(壯觀)이다.그림 20, 21

그림 20 **아이슬란드의 교회산과 오로라**

그림 21 **아이슬란드의 교회산 폭포와 오로라**

그림 22 **아이슬란드의 Nesjavellir 지열발전소**

그림 23 **아이슬란드의 Alcoa 알루미늄 공장**

아이슬란드에서는 지열(geothermal) 발전으로 전력을 생산해 전기료가 싸다.그림 22 저렴한 전기료 덕분에 전기를 많이 쓰는 알루미늄 제련이 발달했다.그림 23 지열이 높아 온천이 많다. 레이캬비크 인근 지역과 남서쪽 40km 쉬뒤르네스 골든 서클 지역에 있는 블루 라군(Blue Lagoon)이 대표적 온천이다.그림 24

2021년 아이슬란드의 1인당 GDP 는 65,273달러다. 아이슬란드 노벨상 수상자가 1명 있다. 1955년에 Halldór Laxness가 노벨문학상을 수상했다.

아이슬란드는 북위 64-66°에 있으나 이르밍에르 해류(Irminger Current) 의 영향으로 기후가 온화하다.그림 25 레이캬비크의 1월 평균기온은 영하 0.5℃다. 이런 기후는 농경에 매우 불리한 조건이다. 아이슬란드의 국토가 넓은데도 30만여 명 인구밖에 살지 않는 것은 바로 기후가 인구 부양을 받쳐주지 못했기 때문이다. 20세기에 들어와 온천수를 이용한 그린하우스 온실 농사가 가능해졌다.그림 26 상어를 삭힌 음식인 하우카르들(fermented shark), 요구르트 스키르(Skýr), 대구, 고래 고기, 양고기 등 육류나 유제품 등 말린 음식을 주로 먹는다.

아이슬란드는 인구가 적고 이민도 거의 오지 않았던 나라였다. 아이슬란드인들은 성을 쓰지 않는다. 성씨가 없어 성(姓)이 대대로 내려가지 않는다. 「아버지의 이름+ 아들, 또는 딸」로 표기한다. 남자면 「~의 아들」이라는 뜻의 son을 쓴다. 여자면 「~의 딸」이라는 뜻의 dóttir로 표기한다. 할아버지 대(代)의 성은 파악하기 어렵다. 이에 할아버지 이상은 친척인지 아닌지가 확인되지 않는다. 이 방식은 고대 덴마크·스웨덴·노르웨이 등 노르만족들이 쓰던 방법이었다. 사람 이름을 부르는 법으로 「누구의 아들 누구」, 「누구의 딸 누구」로 나타내는 방식이었다. 아이슬란드에서는 이름이 같으면 직업으로 구분한다. 2019년 아이슬란드인의 평균 수명은 여자가 84.2세, 남자가 81세다.

그림 24 **아이슬란드의 Blue Lagoon과 지열발전소**

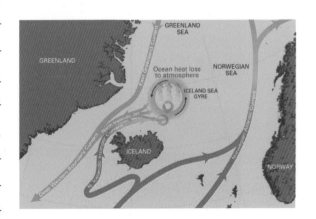

그림 25 **이르밍에르 해류**

아이슬란드 사람들은 해안가에 주로 산다. 최근에 파스텔 톤의 밝은 색 건물들이 세워지고 있다. 산림 한계선(tree line)으로 건축자재로 쓰일 만한 목재가 충분하지 못하다. 목재 수입도 어렵다. 이런 연유로 건축에서 나무 사용이 상대적으로 적다. 골조를 제외한 벽과 지붕은 흙과 잔디(turf)가 활용된다.그림 27

그림 26 **아이슬란드의 Hveragerði 그린 하우스**

그림 27 아이슬란드의 전통 잔디(turf) 주택

그림 28 **레이캬비크**

02 수도 레이캬비크

레이캬비크(Reykjavík)는 아이슬란드의 수도다. 2020년 기준으로 273㎢ 면적에 131,136명이 산다. 레이캬비크 대도시권 인구는 233,034명이다. 레이캬비크는 '연기 나는 만'이라는 뜻이다. 레이캬비크에 처음 들어온 사람이 온천의 수증기를 불꽃 연기로 잘못 알아 붙인 지명이라고 한다. 빅(Vik)은 '바다에서 육지로 들어가는 입구(inlet) 또는 작은 만(small bay)'이라는 의미다.

    레이캬비크는 아이슬란드의 최대 도시이고 항구도시다. 최근에는 소득세율을 낮추고, 유럽과 미국의 중간지점이라는 지리적 위치를 강조하면서 외국자본을 유치하고 있다. 인프라 망이 충실해지고 있다. 해안가에 고층빌딩 군락이 형성되고 있다. 레이캬비크 도시 주변의 근해는 좋은 어장이다. 아이슬란드는 오래 전부터 수산업이 산업의 근간을 이뤘다. 1986년 미국과 소련의 레이캬비크 정상회담이 열렸다. 2000년에는 유럽 문화수도로 지정됐다.그림 28, 29

그림 29 **레이캬비크 중심 지역**

그림 30 **레이캬비크 주택 경관**

그림 31 **레이캬비크의 아이슬란드 의회 건물 알팅그스후시드(1881)**

지열(地熱)을 통해 난방을 하는 친환경 도시다. 아극(亞極) 해양성 기후로 겨울에는 우리나라 겨울보다 따뜻하고, 여름 평균기온은 약 10-12°다. 레이캬비크 시민들은 주로 해안가에서 살아 왔다. 봄과 가을의 레이캬비크는 밝은 도시경관을 보여준다. 주택과 상가 등 건물들이 부드러운 북구 도시경관을 나타낸다. 지붕 색깔을 다양하게 강조한다.그림 30

알팅그(Alþingi, Althing)는 아이슬란드의 입법부다. 930년경 결성된 알팅그 설립을 아이슬란드 자유국의 건국 시점으로 잡고 있다. 이는 1799년까지 존속되었다. 1844년 입법부가 재개되면서 1881년 팅크베틀리르에서 레이캬비크로 이전되었다. 의회건물은 알팅그스후시드(Alþing-ishúsið, Parliament)다.그림 31

그림 32 **레이캬비크의 커피숍과 rock-man 동상**

　레이캬비크 시내에는 이국적 간판을 내건 커피숍이나, 보통 사람의 고단한 삶을 표현한 조각상을 보게 된다._{그림 32} 일반적인 아이슬란드 루터교회는 소박하다. 그러나 1945-1986년 기간에 레이캬비크 도심에 세워진 할그림스키르캬(Hallgrímskirkja) 루터교회는 74.5m 높이의 첨탑 교회다. 교회 이름은 17세기에 활동했던 종교지도자 Hallgrímur Pétursson에서 따왔다. 교회는 도시 한복판에 높이 솟아 있어 도시 어디서나 보인다._{그림 33} 교회 앞에는 아이슬란드 출신으로 1000년경에 최초로 북아메리카 캐나다 뉴펀들랜드를 탐험한 레이프 에릭슨(Leif Erikson, 970-1020)의 동상이 세워져 있다._{그림 34}

그림 33 레이캬비크의 할그림스키르캬(Hallgrímskirkja) 루터 교회

그림 34 레이프 에릭슨의 캐나다 뉴펀
들랜드 탐험(1000)과 할그림스키르캬
교회 앞의 동상

레이캬비크에서 남쪽 50km 지점에 케프라비크 국제공항이 있다. 2011년에 오래된 항구 지역에 들어선 하르파(Harpa)는 콘서트홀과 컨벤션센터 기능을 수행하는 명소다.그림 35

아이슬란드는 얼음과 화산의 나라다. 지상에는 빙하가 흐른다. 땅 밑으로는 화산과 지진활동이 활발하다. 뜨거운 열을 뿜는 화산 열은 물을 덥혀 온천수를 만든다. 이 온천수는 그린하우스 온실 농법에 의해 지상에서 농업을 가능하게 해 주었다. 온천은 세계적인 석호(lagoon)를 만들어 석호 온천욕을 즐길 수 있게 했다. 아이슬란드는 전 지구적으로 볼 때 빙하·화산·지진 활동이 활발하게 전개되는 곳 가운데 하나다.

아이슬란드는 모국어 아이슬란드어를 쓴다. 조기교육으로 영어와 덴마크어를 교육한다. 관광업·어업·알루미늄 제련·금융업·서비스업 등을 특화했다. 2021년 아이슬란드의 1인당 GDP는 65,273달러다. 노벨상 수상자가 1명 있다. 관광업 비중이 높아 GDP의 10% 이상이다. 지열 발전으로 저렴하게 전기를 쓸 수 있어 전기가 많이 필요한 알루미늄 제련업이 활성화되어 있다. 덴마크와의 오랜 인연으로 루터교를 받아들여 정신적 구심점이 만들어져 있다. 1990년 아이슬란드의 기독교인 비율은 97.8%였고, 2020년에는 75.1%로 집계됐다. 첨탑교회 건물인 할그림스키르캬 루터교회가 레이캬비크 도심에 들어서 있다.

그림 35 **레이캬비크의 하르파 콘서트 홀**

발트 3국

에스토니아 공화국

라트비아 공화국

리투아니아 공화국

그림 1 **리투아니아의 자연경관**

그림 2 **라트비아 리가만 북단 케이프 콜카**

발트 3국은 Estonia(에스토니아), Latvia(라트비아), Lithuania(리투아니아)다. 영어로 Baltic States, Baltic Countries라 표기한다. 소련 지배 아래 있던 시기에는 Baltic Republics(발트 공화국)으로 불렸다. 리투아니아의 자연 경관에서 발트해 동부 연안의 지리적 특성이 확인된다. 땅은 저평(低平)하고, 호수와 늪이 있으며, 크지 않은 나무와 초지(草地)가 넓게 펼쳐져 있다.그림 1 Cape Kolka(콜카 곶)은 발트해 리보니아 해안 리가 만 입구에 있다. 곶 가까이까지 울창한 수목이 자라고 있다.그림 2 콜카 곶 근처에 1864년에 세운 콜카 등대가 있다. 12세기에 덴마크 주교 압살론은 콜카 마을에 교회를 세웠다. 겨울은 춥고 긴 냉대 기후다. 그러나 같은 위도의 러시아 내륙에 비해서는 온화하다.

그림 3 **라트비아 리가의 자유 기념비**

그림 4 **리투아니아 Vingis 공원의 반 소련 집회(1988)**

    1219년 덴마크가 에스토니아 북부 지역에 진입해 탈린을 정비했다. 13세기 이후 독일 기사단과 기독교가 들어와 관리했다. 1582년 폴란드-리투아니아 연방이 에스토니아 북부 일부를 제외한 대부분 지역을 지배했다. 덴마크, 독일, 폴란드, 스웨덴이 발트 3국을 두고 각축했다. 1710년 러시아는 발트해 항구를 얻기 위해 이 지역에 힘으로 밀고 들어왔다. 1917년 러시아 혁명이 일어났다. 제1차 세계 대전이 끝나는 1918년 발트 3국은 독립을 선언했으나, 독소(獨蘇) 협정으로 이 지역은 다시 소련의 3개 공화국으로 편입되었다.

발트 3국 사람들은 소련체제에 대해 저항했다. 인권, 기본권, 민족자결권 등을 강조한 1975년의 Helsinki Accords(헬싱키 협정)에 참여한 소련에 대해 협정을 준수하라고 외쳤다. 1986년 12월 라트비아 리가의 성당 광장에서 시작된 반소(反蘇) 운동은 이른바 노래혁명(Singing Revolution)으로 발전했다. 노래를 좋아하는 발트 사람들은 소련의 탄압에 노래로 대응했다.

1987년 리가의 자유 기념비 주변에 꽃을 심기 위해 시민들이 모였다. 높이 42m인 자유 기념비는 1918-1920년 기간의 라트비아 독립 투쟁 중 전사한 사람들을 위해 1935년에 세웠다.그림 3

1988년 8월 23일 리투아니아 빌뉴스의 Vingis공원에서는 25만명이 모여 소련에 반대하는 집회를 열었다.그림 4

1989년 에스토니아 탈린에서 라트비아 리가를 지나 리투아니아 빌뉴스에 이르는 600여 km의 가도(街道)에 200여 만 명이 모이는 인간 띠가 만들어졌다. 발트 3국 사람들은 국가를 부르고 국기를 흔들면서 자유를 연호했다.그림 5

그림 5 Baltic Way의 인간 띠(1989)

노래 부르기와 인간 띠 잇기 운동은 여러 시위와 저항 운동으로 번져 독립으로 이어졌다. 1991년에 리투아니아, 에스토니아, 라트비아 발트 3국은 차례차례 독립했다. 발트 3국의 독립을 인정한 소련은 1991년 12월에 해체됐다.

발트 3국은 2004년 3월 NATO(북대서양 조약 기구)에, 2004년 5월 EU(유럽 연합)에 가입했다. 오늘날 발트 3국은 자유시장경제 국가로 변모했다. 이런 역사적 배경으로 발트 3국을 동부 유럽 또는 동·북부유럽으로 분류하기도 한다.

발트 3국의 언어(languages)는 두 가지다. 에스토니아어는 우랄어족인 판우그리아어군이다. 핀란드어와 관련이 있다. 라트비아어와 리투아니아어는 인도유럽어족인 발트어군이다.

인종 구성은 다양하다. 에스토니아는 2020년 기준으로 에스토니아인 68.4%, 러시아인 24.7%, 기타 유럽인 등이다. 라트비아는 2019년 시점에서 라트비아인 62.5%, 러시아인 24.7%, 기타 유럽인 등이다. 리투아니아는 2019년 기준으로 리투아니아인 86.4%, 폴란드인 5.7%, 러시아인 4.5%, 기타 유럽인 등이다.

발트 3국의 종교는 각각 다르다. 에스토니아는 2011년에 기독교가 34%, 무신론이 65%로 조사됐다. 라트비아는 기독교가 80%로 집계됐다. 리투아니아는 2016년에 가톨릭 75%, 기타 기독교 18% 등 기독교가 93%로 조사됐다.

발트 3국의 인구는 에스토니아가 2021년 시점에서 1,329,460명이고, 라트비아가 2020년 기준으로 1,907,675명, 리투아니아가 2020년 시점에서 2,793,694명이다. 발트 3국의 내용을 정리하면 <표 1>과 같다.

표 1 발트 3국 정리

	에스토니아	라트비아	리투아니아
인구	1,329,460명	1,907,675명	2,793,694명
면적	45,339km²	64,589km²	65,300km²
수도	탈린	리가	빌뉴스
국기			
언어	에스토니아어 우랄어족 핀우그리아어군	라트비아어 인도유럽어족 발트어군	리투아니아어 인도유럽어족 발트어군
인종 구성	에스토니아인 68.4% 러시아인 24.7%	라트비아인 62.5% 러시아인 24.7%	리투아니아인 86.4% 폴란드인 5.7% 러시아인 4.5%
종교	기독교 34% 무신론 65%	루터교 34% 가톨릭 25% 전통기독교 17% 기타기독교 4%	가톨릭 75% 기타기독교 18%

출처: 위키피디아

에스토니아 공화국

에스토니아의 공식 명칭은 에스토니아 공화국이다. 영어로 Republic of Estonia로, 에스토니아어로 Eesti Vabariik(에스티 바바리크)라 표기한다. 핀란드에서는 Viro(비로)라 칭하기도 한다.

국토 지형은 빙하침식에 의한 평야 지대로 평균 해발고도가 50m다. 1천 개가 넘는 크고 작은 호수가 있다. 에스토니아에는 핀우그리아어를 쓰는 에스토니아인들이 살았다. 1227년 독일이 들어와 기독교를 전파했다. 1991년 8월 20일에 독립하여 그날을 국경일로 정했다. 에스토니아에서 시(市)는 linn, 마을을 vald라 한다.

그림 6 **에스토니아인의 전통 춤놀이**

2011년부터 유로화를 도입한 에스토니아는 경제 발전 속도가 빠르다. 핀란드, 스웨덴, 독일을 상대로 무역이 활성화되어 있다. 국토의 48%를 점유하는 숲은 에스토니아의 주요 자원이다. 제조업과 화학 산업이 강하다. 1990년 중반 이후 정책적으로 정보 산업을 중점 육성하고 있다. 인터넷 속도가 세계 상위권이며 탈린에는 외이파이 설비가 갖춰져 있다. 2021년 에스토니아 1인당 GDP는 27,101달러다.

에스토니아인들은 전통 의상을 입고 민요와 합창곡을 부르며 춤을 추는 놀이를 즐긴다.그림 6 에스토니아의 노래와 춤에 대한 언급은 1179년부터 나온다. 1869년 여름 타르투에서 제1회 에스토니아 가요제가 열렸다. 타르투에는 가요제박물관이 있다. 2019년의 가요제에는 1,020개의 합창단과 32,302명의 노래 신청자가 참여했다. 한편 1934년에는 제1회 에스토니아 게임, 댄스 및 체조 페스티벌이 개최됐다. 2019년 페스티벌에는 3개의 공연과 11,500명이 참여해 경연했다. 오늘날에는 에스토니아 가요제와 댄스 페스티벌이 5년마다 열린다.그림 7, 8 2003년 유네스코는 Estonia's Song and Dance Celebration tradition(에스토니아의 노래와 춤 축제 전통)을 '인류 구전(口傳) 및 무형 유산'으로 선언했다.

그림 7 에스토니아의 Song Festival(2014)

그림 8 에스토니아의 Dance Festival

그림 9 **에스토니아 수도 탈린**

에스토니아의 수도는 탈린이다. 2020년 기준으로 159.2km² 면적에 437,619명이 산다. 탈린과 핀란드 헬싱키까지의 거리는 80km로 페리를 타면 2시간 반 거리다. 에스토니아어, 핀란드어, 러시아어, 영어가 사용된다. 1219년 덴마크가 탈린을 정복했다. 그 후 이 도시는 '덴마크인의 성'이라는 뜻의 Reval(레발)로, 러시아 제국 때는 레벨로 불렸다. 1918년 에스토니아가 독립하면서 탈린으로 도시 이름이 바뀌었다. 탈린은 핀란드의 헬싱키, 러시아의 상트 페테르부르크, 스웨덴의 스톡홀름, 라트비아의 리가와 역사적 유대 관계가 깊다.그림 9

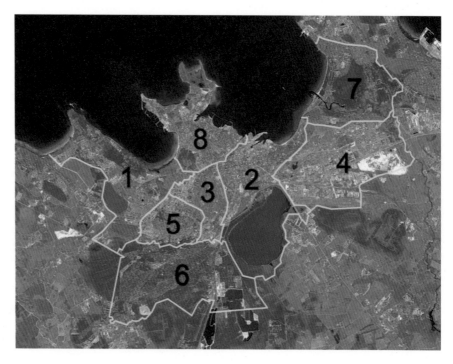

그림 10 **탈린 도시입지 환경과 8개의 행정구역**

탈린은 도시와 항구가 입지하기에 적합한 지리적 여건을 갖추고 있다. 항구가 들어서기 좋은 깊은 만과 넓고 저평한 배후지가 있다. 탈린은 8개의 행정 구역으로 나뉘어 관리된다.그림 10

탈린 항구는 탈린 도시기능 활성화에 큰 역할을 한다. 2019년 탈린 항구를 이용하는 크루즈 여객 수는 10,640,000명이었다. 2004년 탈린 구(舊)항구는 크루즈 승객이 드나들 수 있는 새로운 항구로 변화됐다. 여객 터미널 수를 늘리고 유람선 정박을 위해 339m의 부두를 운영했다. 탈린 공항과의 연계시스템도 구축했다. 2010년 레크리에이션 선박이 머물 수 있는

그림 11 **에스토니아 탈린 항구**

Old City Marina를 확보했다. 2013년에 340m의 유람선이 정박할 수 있는 새로운 부두를 건설했다. 탈린 항구에는 대형 선박인 Viking Line, Linda Line, Tallink, Eckerö Line이 운영된다. 탈린은 헬싱키, 상트 페테르부르크, 스톡홀름과 밀접히 연계된다.그림 11

    2017년 탈린에서 EU Digital Summit(유럽 연합 디지털 정상회의)가 개최됐다. 이때 에릭슨, 인텔, Telia Estonia 파트너십은 라이브 공용 5G 네트워크가 탈린 여객항에서 작동되는지를 점검했다.

그림 12 **에스토니아 탈린시청(1404)과 시청광장**

　탈린은 1인당 스타트 업체 수가 많은 도시다. 탈린에서 2003년 통신 응용프로그램 Skype(스카이프)가 개발되었다. 2011년에 에스토니아인이 런던에 근거를 둔 금융 기술회사 Wise를 설립했다. 탈린에 유럽연합의 IT 기관 본부가 있으며, 사이버보안을 담당하는 NATO 사이버 방어 센터가 있다.

　탈린 시청은 1404년 광장이었던 구(舊)시가지에 지어졌다. 탈린 시민들은 시청 광장을 선호한다.그림 12 시청 타워 꼭대기에는 1530년에 만들어진 Vane Old Thomas(베인 올드 토마스) 조각상이 있다.그림 13 타워의 높이는 64m다. 1997년 탈린 구시가지와 시청은 유네스코 세계 문화 유산에 등재되었다.

그림 13 **탈린 시청 타워의 베인 올드 토마스 조각상(1530)**

탈린의 랜드마크는 12세기에 세워진 성(聖) 올라프(Olaf) 교회다.그림 14 성 올라프 교회는 성(聖) 올라프로 알려진 노르웨이 왕 올라프 2세와 관련지어 설명하기도 한다. 그러나 교회에 관한 기록은 1267년부터 나온다. 로마 가톨릭 교회였다가 종교개혁 이후 복음주의 루터교회로 바뀌었다. 1950년에 침례교회가 되었다. 1944-1991년의 기간 중 소련은 교회 첨탑을 라디오 타워로 사용했다. 첨탑의 높이는 124m다.

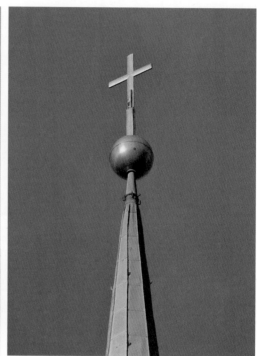

그림 14 에스토니아 탈린의 성 올라프 교회

라트비아 공화국

라트비아의 공식 명칭은 라트비아 공화국이다. 영어로 Republic of Latvia
로, 라트비아어로 Latvijas Republika(라트비야스 레푸블리카)라 표기한다. 라트
비아 국토의 대부분은 해발고도 200m 이하로 평탄하다. 땅은 비옥하며 숲
이 많다. 레트족 등의 발트인들이 살았던 지역이었을 것으로 추정하고 있
다. 라트비아어와 러시아어가 사용된다.

그림 15 **라트비아 수도 리가**

그림 16 **라트비아 리가의 알베르트 거리**

12세기 말에 독일이 리가만 연안에 들어왔다. 그 후 독일, 러시아, 폴란드, 리투아니아, 스웨덴이 이 지역을 두고 각축했다. 1918년 독립을 선언했으나 소련으로 편입되는 불운을 겪었다. 이 과정에서 라트비아인들은 해외로 망명하고, 사망했으며, 시베리아로 강제 이주당했다. 반면에 상당 규모의 러시아인들은 소련보다 산업 환경이 좋은 라트비아로 이주했다.

경제 소득은 서비스업, 섬유, 식품, 목재 산업, 농업에서 나온다. 인터넷 망이 정비되어 있고 접속지역이 확대되고 있다. 2021년 1인당 GDP는 19,824달러다. 노벨화학상 수상자가 1명 있다. 민속 놀이와 민요 부르기를 즐기며, 아이스 하키와 썰매 등의 겨울철 스포츠를 선호한다.

수도는 발트해 연안에 있는 Riga(리가)다.그림 15 리가에는 2020년 기준으로 304.03 km² 면적에 627,487명이 산다. 리가 대도시권 인구는 1,070,000

명이다. 1973년부터 운항하는 리가 국제공항은 에어 발틱 허브 공항이다. 라트비아 민간 항공기구의 본사도 리가에 있다. 리가에서 유로 비전 송 콘테스트(2003), NATO 정상 회의(2006), 남자 세계 아이스 하키 선수권 대회(2006), 세계 여자 컬링 선수권 대회(2013)가 열렸다.

1201년 독일 브레멘의 주교 Alberts(알베르트)가 리가를 건설했다. 1282년 한자 동맹 도시가 되어 발트해 연안의 상업도시로 발달했다. 1621년 스웨덴이, 1721년 러시아가 리가에 들어와 관리했다. 리가는 1918년 라트비아가 독립하면서 수도가 되었다. 이런 역사적 흐름은 리가 주민 구성을 다양화했다. 라트비

그림 17 **라트비아 리가 알베르트 거리의 아르누보 건물**

아인이 45%, 러시아인이 40%다. 벨라루스인, 우크라이나인, 폴란드인, 리투아니아인 등도 리가의 주요 구성원이다.

리가 중심지에 1901년에 조성된 Albert(알베르트) 거리가 있다. 리가를 설립한 알베르트 주교의 이름을 따서 거리 이름을 붙였다. 아파트, 비정형 장식 건물, 아르누보 건물 등 북부 유럽풍의 건물들이 다수 있다. 다수의 고등교육기관, 각국 대사관 등이 알베르트 거리와 인근 지역에 있다. 2009년에는 리가 아르누보 박물관이 들어섰다.그림 16, 17

그림 18 **라트비아 리가 구(舊) 시가지의 오래된 건물**

그림 19 **라트비아 리가의** House of the Blackheads

Old Riga(Vecriga)는 Daugava강 동쪽 중심 지역에 있는 역사 지구다. 19세기 후반 이후 도시가 외곽으로 확장되면서 구(舊) 시가지가 되었다. 아르누보·유겐트 스틸 건축물과 19세기 목조 건축물이 있는 리가의 역사 지구는 1997년 유네스코 세계 문화 유산에 등재되었다.그림 18 리가는 2014년 스웨덴의 우메오와 함께 유럽 문화 수도였다.

구 시가지에 있는 Blackheads의 집은 14세기에 건축되었고 17세기 초에 개축되었다. Blackheads 형제단, 길드의 미혼(未婚) 상인, 선주(船主), 외국인을 위한 집이었다. 1941년 독일군에게 폭격당했고, 1948년 소련에 의해 철거되었다. 여러 기부금으로 1999년 재개장하여 박물관으로 사용되고 있다. 라트비아 역사 관련 자료 전시실과 축하 행사를 할 수 있는 그랜드 볼룸 등이 있다.그림 19

리투아니아 공화국

리투아니아의 공식 명칭은 리투아니아 공화국이다. 영어로 Republic of Lithuania로, 리투아니아어로 Lietuvos Respublika(리에투보스 레스푸블리카)로 표기한다. 국토 지형은 대부분이 해발고도 300m 이하로 낮고 평평하다. 습지, 호수, 숲이 많다.

13세기 이후 이 지역은 리투아니아 대공국이었다. 1569-1795년의 기간 동안 폴란드-리투아니아 연방으로 존속했다. 1795년 폴란드와 분할되면서 러시아에 합병되었다. 1918년 독립을 선언했다. 그러나 1940년 소련에 의해 강제 병합되었다. 1941년 독일이 지배했다. 1944년 소련군이 밀고 들어와 소비에트 공화국의 일원이 되었다. 1991년에 이르러 비로소 독립된 국가가 되었다.

2020년 기준으로 인구규모 101,511명인 Šiauliai(샤울라이)는 리투아니아에서 네 번째로 큰 도시다. 샤울라이 북쪽 12km 지점에 가톨릭 순례지 Hill of Crosses(십자가의 언덕)이 있다. 1831년 반(反) 러시아 항쟁 이후부터 조성된 것으로 알려졌다. 십자가, 예수, 성모 마리아 조각상, 성물(聖物) 조각상, 묵주, 리투아니아 애국자 조각상 등이 있다. 2006년의 시점에서 약 10만 개의 십자가 관련 조각상이 있는 것으로 추정했다.그림 20 리투아니아에서는 1990년에 종교교육을 도입했다. 리투아니아는 유럽 북쪽에 위치한 가톨릭 문화권 지역이다.

그림 20 **리투아니아 샤울라이의 십자가 언덕**

그림 21 **리투아니아의 수도 빌뉴스**

경제활동은 서비스업, 제조업, 농업 등에서 이루어진다. 농업 인구가 15% 정도다. 리투아니아는 발트 국가인 에스토니아와 라트비아, 그리고 폴란드, 독일, 러시아 등과 무역 거래를 한다. 2021년 1인당 GDP는 22,245달러다. 리투아니아 출신 노벨화학상 수상자가 3명 있다.

Vilnius(빌뉴스)는 리투아니아의 수도다. 2020년 기준으로 401km²에 589,425명이 산다. 빌뉴스 대도시권 인구규모는 829,759명이다. 빌니아강과 네리스강의 합류 지점에 입지해 있다.그림 21 도시 이름은 빌니아강에서 유래되었다 한다. 옛 이름은 Vilna(빌나)였다. 제2차 세계대전 후 소련 관리 아래서 수도가 되었다. 1991년 리투아니아가 독립하면서 수도로 계승되었다. 도시 인종 구성이 다양하다. 리투아니아인이 절반이 넘고, 폴란드인과 러시아인이 10% 중반 정도이며, 벨라루스인이 4%다. 빌뉴스는 러시아 상트페테르부르크에서 폴란드의 바르샤바로 가는 철도 교통의 중간에 위치해 있다.

1323년 리투아니아 대공 Gediminas(게디미나스)가 이곳에 성채를 세웠다. 1387년 리투아니아 대공-폴란드 왕인 브와디스와프 2세가 빌뉴스에 도시

자치권을 부여했다. 당시 빌뉴스의 주민들은 리투아니아인, 벨라루스인, 폴란드인, 독일인, 유대인으로 구성되어 있었다. 1544년 지그문크 2세가 빌뉴스에 왕궁을 이전했다. 1579년 빌뉴스 대학교가 설립됐다. 1655년 러시아군이 침략했다. 1795년 리투아니아가 폴란드와 분할되면서 빌뉴스는 러시아에 합병되었다. 제1차 세계대전 중인 1915년 이후 빌뉴스는 독일, 폴란드, 소련 등에게 유린되었다. 1991년 독립하면서 빌뉴스는 리투아니아 수도로서 발전하고 있다.

17세기에 시작한 성(聖) 카시미르 박람회(Kaziuko mugė, 카지우코 무게)는 3월 4일과 가까운 일요일에 열리는 민속 예술과 공예박람회다. 빌뉴스의 시장과 거리에서 열리는 박람회에는 음악, 춤, 연극 공연도 행해진다. 리투아니아뿐만 아니라 라트비아, 러시아, 폴란드 등에서도 온다. 리투아니아, 벨로루시, 폴란드의 다른 도시에서도 펼쳐진다. 각종 선물이 교환된다. 특히 말린 야생 꽃과 허브를 막대기에 묶은 부활절 종려 나무와 설탕으로 만든 하트모양의 카시미르 하트(Casimir's Heart)가 건네진다. 그림 22

St. Casimir(성 카시미르)는 폴란드 왕이며 리투아니아 대공이었던 카시미르 4세의 둘째 아들이었다. 그는 경건한 신앙인으로 병자와 가난한 사람들에 헌신하다가 25세에 병사했다. 그는 빌뉴스 대성당에 안장되었으며, 1521년에 성자로 시성(諡聖)되었다. 1602년 교황은 그의 축일을 정식화했다.

그림 22 빌뉴스의 성 카시미르 박람회(카지우코 무게)와 선물

그림 23 **리투아니아의 나스닥 빌뉴스 증권 거래소**

나스닥 빌뉴스는 1993년에 세운 리투아니아의 증권거래소다. 탈린 증권 거래소, 리가 증권거래소와 함께 발트해 연안 3개 국가가 투자하기 쉽도록 하는 데 기여하고 있다.그림 23

리투아니아인들의 노래와 춤에 대한 애정은 크다.그림 24 1991년 독립한 이후에 대규모의 노래와 춤 축제가 열린다. 축제가 열리는 Vingis 공원은 수세기 전부터 활용되어 온 리투아니아에서 가장 큰 모임 장소다. 1980년대 후반 리투아니아 독립 운동이 펼쳐지면서 이곳은 여러 주요 집회와 시위가 열리는 장소였다. 오늘날에는 콘서트, 스포츠 등 다수의 시민들이 참여하는 이벤트 장소로 사용된다. 안드레이 보첼리, 엘튼 존, 스팅, 레이디 가가 등의 외국 음악가와 Foje, Antis 등의 리투아니아 음악 그룹이 이곳에서 공연했다.그림 25

그림 24 **리투아니아인들의 노래와 춤 파티**

그림 25 **빌뉴스 Vingis 공원에서 열리는 리투아니아 노래와 춤 축제**

그림 26 **리투아니아 빌뉴스의 우주피스 공화국 경관**

1997년 4월 1일 빌뉴스 구 시가지 경계 지역에 면적 약 0.60km²인 가상의 나라 Republic of Užupis(우주피스 공화국)이 세워졌다.그림 26 우주피스는 '강 건너편'이란 의미다. 일단의 예술가들은 곤고(困苦)하게 사는 이 마을이 만우절 단 하루 만이라도 자신들만의 나라에서 살도록 하자고 제안했다 한다. 예술가 1천 명을 포함하여 7천 명이 사는 마을이다. 매년 만우절 하루 동안 마을은 나라가 된다. 우주피스 공화국의 국기, 헌법, 화폐, 정부 조직, 표지판 등이 있다. 2002년 만우절에는 우주피스 천사상이 들어섰다.

발트 3국은 오랜 기간 주변 국가들로부터 시달림을 받았다. 그러나 독자적인 자기 나라 말을 고수하면서 민족적 정체성을 지켰다. 루터 개신교, 가톨릭의 굳건한 신앙은 여러 어려움을 이겨내는 힘이 된 것으로 보인다. 1991년 독립한 이후 새로운 산업을 창출하여 경제를 튼튼히 하고, 노래와 춤 등 전통 문화를 더욱 풍요롭게 발전시키고 있다.

그림 출처

Ⅲ. 북부유럽

✦ 노르딕 5국

◗ 위키피디아

그림 1, 그림 2, 그림 3, 그림 4, 그림 5, 그림 6, 그림 7, 그림 8, 그림 9, 그림 10, 그림 11, 그림 12, 그림 13

◗ 저자 권용우

그림 1, 그림 2, 그림 3

7. 덴마크

◗ 위키피디아

그림 1, 그림 2, 그림 3, 그림 4, 그림 5, 그림 6, 그림 7, 그림 8, 그림 9, 그림 10, 그림 11, 그림 12, 그림 13, 그림 14, 그림 15, 그림 16, 그림 17, 그림 18, 그림 19, 그림 20, 그림 21, 그림 22, 그림 23, 그림 24, 그림 25, 그림 26, 그림 27, 그림 28, 그림 29, 그림 30, 그림 31, 그림 32, 그림 33, 그림 35, 그림 36, 그림 37, 그림 38, 그림 39, 그림 40, 그림 41, 그림 42, 그림 43

◗ 저자 권용우

그림 1, 그림 4, 그림 5, 그림 7, 그림 9, 그림 12, 그림 26, 그림 27, 그림 31, 그림 34, 그림 40

8. 스웨덴

◗ 위키피디아

그림 1, 그림 2, 그림 3, 그림 4, 그림 5, 그림 6, 그림 7, 그림 8, 그림 9, 그림 10, 그림 11, 그림 12, 그림 13, 그림 14, 그림 15, 그림 16, 그림 17, 그림 18, 그림 19, 그림 20, 그림 21, 그림 22, 그림 23, 그림 24, 그림 25, 그림 26, 그림 27, 그림 28, 그림 29, 그림 30, 그림 31, 그림 32, 그림 33, 그림 34, 그림 35, 그림 36, 그림 37, 그림 38, 그림 39, 그림 40, 그림

41, 그림 42, 그림 43, 그림 44

◗저자 권용우

그림 8, 그림 22, 그림 24, 그림 35, 그림 37, 그림 41

9. 노르웨이

◗위키피디아

그림 1, 그림 2, 그림 3, 그림 4, 그림 5, 그림 6, 그림 7, 그림 8, 그림 9, 그림 10, 그림 11, 그림 12, 그림 13, 그림 14, 그림 15, 그림 16, 그림 17, 그림 18, 그림 19, 그림 20, 그림 21, 그림 22, 그림 23, 그림 24, 그림 25, 그림 26, 그림 27, 그림 30, 그림 31, 그림 32, 그림 33, 그림 34, 그림 35, 그림 36, 그림 38, 그림 40, 그림 41, 그림 42, 그림 48, 그림 49, 그림 51, 그림 53, 그림 55, 그림 56

◗저자 권용우

그림 27, 그림 28, 그림 29, 그림 35, 그림 37, 그림 39, 그림 42, 그림 43, 그림 44, 그림 45, 그림 46, 그림 47, 그림 49, 그림 50, 그림 52, 그림 54, 그림 55, 그림 56

◗Free World Maps

그림 1

10. 핀란드

◗위키피디아

그림 1, 그림 2, 그림 3, 그림 4, 그림 5, 그림 6, 그림 7, 그림 8, 그림 9, 그림 10, 그림 12, 그림 13, 그림 14, 그림 15, 그림 16, 그림 17, 그림 18, 그림 19, 그림 20, 그림 22, 그림 24, 그림 25, 그림 26, 그림 27, 그림 28, 그림 29, 그림 30, 그림 31, 그림 32, 그림 33, 그림 34, 그림 35, 그림 36

◗저자 권용우

그림 1, 그림 11, 그림 20, 그림 21, 그림 22, 그림 23

◗구글

그림 16, 그림 24, 그림 26

11. 아이슬란드

◑위키피디아

그림 1, 그림 2, 그림 3, 그림 4, 그림 5, 그림 6, 그림 7, 그림 8, 그림 9, 그림 10, 그림 11, 그림 12, 그림 13, 그림 14, 그림 15, 그림 16, 그림 17, 그림 18, 그림 19, 그림 20, 그림 22, 그림 23, 그림 24, 그림 25, 그림 26, 그림 27, 그림 28, 그림 29, 그림 30, 그림 31, 그림 33, 그림 34, 그림 35

◑저자 권용우

그림 2, 그림 3, 그림 8, 그림 32

◑구글

그림 5, 그림 31

◑Wallpaperflare

그림 21

✦ 발트 3국

◑위키피디아

그림 1, 그림 2, 그림 3, 그림 4, 그림 5, 그림 6, 그림 7, 그림 8, 그림 9, 그림 10, 그림 11, 그림 12, 그림 13, 그림 14, 그림 15, 그림 16, 그림 17, 그림 18, 그림 19, 그림 20, 그림 21, 그림 22, 그림 23, 그림 24, 그림 25, 그림 26

색인

서평

권용우 교수는 성신여대에서 25년간 세계도시 교양강좌를 진행했다. 60여 개
국 수백개 도시가 관찰 대상이었다. 권교수는 이번에 『세계도시 바로 알기 1:
서부유럽·중부유럽』을 출간했다. 앞으로 펴낼 연작 시리즈 중 첫 번째 작품이
다. 유럽 중·서부 6개 국가 30여 개 도시를 바로 알기 대상으로 삼고 있다. 도
시 지리학자인 저자는 각 나라와 도시를 그들의 경제·사회·문화적 배경에 대
한 광범위한 문헌 자료와 현장 확인을 통해 포괄적으로 재치있게 서술하고 있
다. 더욱이 풍부한 시각적 자료는 보는 즐거움을 더해주고 있다. 간결하면서도
명료한 문체는 금상첨화다.

최병선 교수(가천대학교 명예교수, 전 대한국토·도시계획학회 회장)

이 책은 세계도시를 편하게 풀어 서술해 세계에 대한 개방된 마인드를 가지도
록 한다. 그리고 코로나 팬데믹 기간 중 세계도시에 대한 교양 서적으로서의 가
치를 지닌다. 권용우 교수는 지리학자 훔볼트, 블라슈, 헤트너의 철학에서 관통
하는 총체적 생활양식론을 제시한다. 저자는 각 나라와 도시의 지리, 역사, 종
교, 경제, 사회, 문화와 주민들의 생활양식을 총체적으로 탐구하고 있다. 탐구
한 내용은 관련 문헌과 현지 답사를 통해 얻은 수많은 사진과 지도를 보면서 쉽
게 읽을 수 있도록 편집되어 있다. 본서는 세계도시를 더욱 깊게, 보다 넓게 볼
수 있게 해 줄 것으로 확신한다.

박양호 대표 (전 국토연구원 원장, 스마트국토도시연구소 대표)

『세계도시 바로 알기』에는 권용우 교수의 광범위한 세계사 편력과 답사 경험의 편린이 곳곳에서 번뜩인다. 역사가 없는 도시 설명은 밋밋하고, 지리적 배경이 없는 도시의 역사는 공허하다. 이 책은 역사와 지리를 씨줄과 날줄로 엮어 세계 여러 나라와 대표 도시들을 역동적으로 설명하고 있다. 이 책을 읽으면서 이극형 국토구조와 세종시 이론을 처음 주장한 권교수의 탁월한 배경 지식을 재삼 확인할 수 있었다. 사물은 아는 만큼 보이고, 이를 바탕으로 토론과 새로운 지식이 확장된다. 여행도 그러하다. 예컨대, 이 책은 프랑스 보르도 지방의 와인에 관해서 토양과 기후, 수문의 자연지리적 배경과 라 로셸 항구를 통한 수출을 설명한다. 나홀로 여행객에게는 사색을, 가족이나 단체 여행객들에게는 토론의 단초를 마련한다. 이 책은 세계도시를 폭넓게 그리고 깊게 즐길 수 있는 안목을 가져다 줄 것이다.

유근배 교수(서울대학교 지리학과 명예교수, 전 서울대학교 부총장)

도시가 진화하는 과정을 '말, 먹거리, 종교'로 풀어내는 저자의 시각은 독특하다. 『총, 균, 쇠』로 문명을 설명하는 재러드 다이아몬드를 떠올리나, 『세계도시 바로 알기』에는 또다른 감동이 있다. 저자가 수십년 동안 현장을 돌아보며 흘렸던 땀이 페이지마다, 구절마다에 절절이 녹아있다. 고산자 김정호가 일생 동안 한반도를 누비며 역작을 만들었듯이, 권용우 교수는 평생에 걸쳐 전 세계를 답사하며 터득한 소중한 경험과 지식을 이 책에서 오롯이 풀어내고 있다.

김세용 교수(고려대학교 건축학과 교수, 전 서울주택도시공사 사장)

『세계도시 바로 알기』는 이야기 책이다. 세계도시의 역사 이야기, 땅 이야기, 무엇보다 도시의 알려진 이야기와 알려지지 않은 이야기로 가득하다. 도시를 계획하고 디자인하는 사람들이 가보려는 세계도시를 탐방하고 연구하고 읽어 내 이야기로 들려주는 신통한 책『세계도시 바로 알기』의 연작 시리즈가 끊이지 않았으면 한다. 광범위해서 엄두가 나지 않던 세계도시에 관한 특별한 정보가 끊임없이 발견되는 책이다.

김현선 교수(홍익대학교 교수, 2021 광주디자인비엔날레 총감독)

이 저서는 첫 페이지를 여는 순간부터 마지막 장까지 눈을 뗄 수 없을 정도로 독자의 마음을 사로잡는다. 유럽 도시들을 여행하고픈 욕망이 샘솟는다.『세계도시 바로 알기』는 유럽 각 나라와 도시의 지리, 역사, 종교, 경제, 사회, 문화의 핵심 내용을 '말, 먹거리, 종교'로 수렴 해석하여 유럽인의 생활 양식을 명료하게 담아내고 있다. 이 책을 옆에 끼고 유럽을 돌아본다면 여행의 묘미와 효과는 배가될 것이다. 세계도시에 대한 안목을 넓혀주고, 흥미와 재미를 주며, 교양의 깊이를 더해 주는 저서다.

오세열 교수(성신여자대학교 경영학과 명예교수, 목사)

지리학자 권용우 교수는 세계도시를 바로 알기 위해서는 언어, 산업, 종교가 중요하다고 보았다. 자국어를 고수하고 사용하면 언제라도 독립 국가를 유지할 수 있다. 산업은 백성이 먹고 살 수 있는 기반이다. 종교는 한 나라와 도시가 흔들림 없이 견고하게 유지되는 큰 배경이다.

전대열 대기자(전북대학교 초빙교수, 대기자)

저자 소개

권용우

서울 중·고등학교

서울대학교 문리대 지리학과 동 대학원(박사, 도시지리학)

미국 Minnesota대학교/Wisconsin대학교 객원교수

성신여자대학교 사회대 지리학과 교수/명예교수(현재)

성신여자대학교 총장권한대행/대학평의원회 의장

대한지리학회/국토지리학회/한국도시지리학회 회장

국토해양부·환경부 국토환경관리정책조정위원장

국토교통부 중앙도시계획위원회 위원/부위원장

국토교통부 갈등관리심의위원회 위원장

신행정수도 후보지 평가위원회 위원장

경제정의실천시민연합 도시개혁센터 대표/고문

「세계도시 바로 알기」 YouTube 강의교수(현재)

『교외지역』(2001), 『수도권공간연구』(2002), 『그린벨트』(2013)

『도시의 이해』(2016), 『세계도시 바로 알기 1, 2』(2021) 등 저서(공저 포함) 74권/

학술논문 152편/연구보고서 55권/기고문 800여 편

세계도시 바로 알기 2 -북부유럽-

초판발행   2021년 6월 30일
초판4쇄발행   2022년 9월 30일

지은이   권용우
펴낸이   안종만·안상준

편 집   배근하
기획/마케팅   김한유
표지디자인   BEN STORY
제 작   고철민·조영환

펴낸곳   (주) 박영사
                서울특별시 금천구 가산디지털2로 53, 210호(가산동, 한라시그마밸리)
                등록 1959. 3. 11. 제300-1959-1호(倫)

전 화   02)733-6771
f a x   02)736-4818
e-mail   pys@pybook.co.kr
homepage   www.pybook.co.kr
ISBN   979-11-303-1308-5 93980

정 가   15,000원